U0175428

区块链进化史

26个故事讲透区块链前世今生

田 君 著

企业管理出版社
EMPH ENTERPRISE MANAGEMENT PUBLISHING HOUSE

图书在版编目（CIP）数据

区块链进化史：26个故事讲透区块链前世今生 / 田君著 .—北京：企业管理出版社，2020.10

ISBN 978-7-5164-2209-0

Ⅰ. ①区… Ⅱ. ①田… Ⅲ. ①区块链技术 Ⅳ. ①TP311.135.9

中国版本图书馆 CIP 数据核字（2020）第 164839 号

书　　名：区块链进化史：26个故事讲透区块链前世今生

作　　者：田　君

责任编辑：赵喜勤

书　　号：ISBN 978-7-5164-2209-0

出版发行：企业管理出版社

地　　址：北京市海淀区紫竹院南路 17 号　　邮编：100048

网　　址：http://www.emph.cn

电　　话：发行部（010）68701816　　编辑部（010）68420309

电子信箱：zhaoxq13@163.com

印　　刷：河北宝昌佳彩印刷有限公司

经　　销：新华书店

规　　格：710 毫米 ×1000 毫米　　16 开本　　14.75 印张　　190 千字

版　　次：2021 年 1 月第 1 版　　2021 年 1 月第 1 次印刷

定　　价：68.00 元

序

当人类迈入 21 世纪的时候，一场重大的经济社会变革正一步一步走来。尽管还存在太多的不确定性，但可以明显看到，新科技革命和产业变革正成为源源不竭的动力推动这场巨大的浪潮滚滚向前。而在此中间，信息技术无疑是最具影响力的革命性技术。数字变革所向，每每带来旧体系、旧传统的土崩瓦解。虽然人们没有把信息技术称作颠覆性技术，但它对人们生产生活的影响，对经济社会治理水平的提升，对生产效率的提高，对创新的提速，无出其右。这次新冠肺炎疫情的防控应对，充分证明了这一点。

抗击新冠肺炎疫情的过程中，中国的数字化转型按下了快进键。在社会运营的生产链、供应链中断的时候，互联网支起了一座无形的联通之桥，为全社会，特别是为企业导入了信息流、资金流、物流、员工流。不论是健康码的及时推出和普遍应用，还是线上研讨、经营、交易的实施，复工复产乃至社会生活的全面恢复，都大大借力于信息技术的广泛应用。

未来社会经济发展将更加取决于数字化转型，某种程度上，谁能在数字化转型中拔得头筹，取得先机，全面掌握先进信息技术、深度挖掘数据优势，谁就控制了国际社会经济竞争的制高点，谁就将主导新一轮全球的科技革命和产业变革，更多地分享新技术创造的红利。

人们常常用"大云移物智链"来描述数字时代的主要前沿信息技术——大数据、云计算、移动互联、物联网、人工智能、区块链。可以说，一个计算能力超强、软件定义一切、网络连接无处不在、宽带永无止境、数据可靠流淌、智慧点亮未来的时代已经触手可及。在人们为之欢呼雀跃时，新兴的区块链技术格外引人注目。

区块链是数字作为生产要素得以方便可靠应用时，最为适宜又不可或缺的一项重要技术。与以往银行、企业、个人等对于相关的账本记录或数据记录都只是中心化，或者说只有单一的责任主体在记录，因而容易产生数据篡改等信用问题不同，区块链技术可以实现分布式的协同记账和数据存储，从而根除了数据被篡改的可能，让数据有了真正的信用和价值，让其具备了作为一种新资产的可能，将给全社会带来不可估量的创新资源。

2019 年 10 月 24 日下午，中共中央政治局就区块链技术发展现状和趋势进行了第十八次集体学习。很多专家学者注意到，习近平总书记针对某一特定技术组织学习并做专门阐述，以往仅有互联网和人工智能等不多几次。此次，总书记在主持学习时强调，区块链技术的集成应用在新的技术革新和产业变革中起着重要作用，要把区块链作为核心技术自主创新的重要突破口。总书记对于区块链三个层次的发展，即基础技术研究、行业应用落地以及与数字经济的商业激励模式融合做出明确指示，这让行业未来发展和创新突破方向更为清晰。

区块链的应用前景非常广阔。近年来，区块链应用已经从第一代的比特币，进化到了第二代的支付清算、证券交易、医疗、物流、政务服务等各个领域，发达国家加紧在上述领域进行区块链布局。目前，我国经济环境中的信用成本较高，社会信用环境有待优化，区块链技术恰恰很好地提供了一个"低信用成本"的平台，这对于降低我国经济社会整体信用成本、促进信用经济发展具有十分重大的意义。特别是利用区块链技术可以进一步促进企业间在信息、资金、人才、征信等方面实现更大规模的互联互通，保障生产要素有序、高效流动，借以推动区块链和实体经济深度融合。若将区块链技术与生产性服务业协同推进，将会形成带动实体经济质量提升的新引擎。

早在 2018 年，中国企业联合会就成立了智慧企业推进委员会。在推进智慧企业的过程中我们充分意识到，大数据、云计算、移动互联、物联网、人工智能、区块链等新一代信息技术和实体经济必须深度融合，才有可能全面重构增长方式、产业结构和企业模式，适应全球加快步入数字经济新时代的潮流。

建设智慧企业要树立系统创新思维，从未来发展全局的高度认识新一代信息通信技术的战略引领作用，注重组织与管理变革，构建一套适应数字经济、智能经济的新商业逻辑和新运作模式；要更加重视人的作用，在人工智能和人类智能交互、碰撞中创造出崭新的智能生产力。而在智慧企业的推进过程中，区块链技术必然会成为重要助力。

区块链本质上是一个去中心化的分布式账本数据库，具有"不可伪造""全程留痕""可以追溯""公开透明""集体维护"等特征。基于这些特征，区块链技术奠定了坚实的"信任"基础，创造了可靠的"合作"机制，将成为智慧企业数字化建构的重要手段。

当然，描述这样一个进化过程，正是《区块链进化史》作者的初衷之一。但从我的角度看，其作用还远不止于此，其表达方式尤其可圈可点。与其他信息化新技术相比，区块链技术更不为广大读者所熟悉，是有原因的。尽管近年来冠以区块链技术的普及读物比比皆是，但真正能起到较好效果的实不多见。这其中固有区块链技术本身涉及的理论较为艰深的原因，但也有解读的语言多过于凝涩的缘故。不了解区块链技术，有效利用其推进数字化转型就无从谈起。

区块链本身与密码学紧密相关，所以涉及密码学等技术理论，很难有人能讲明白。现实中往往是这样，让技术专家用技术语言来讲解区块链很容易，但让他们用简单易懂的语言给非技术专业的人讲，就是一个很大的难题。让我很欣喜的是，《区块链进化史》的作者妙地把这些枯燥的概念融入生动的故事中，读起来十分有趣。

此前并不认识本书作者田君，图书策划人把这本书稿拿给我看时，我正在出差路上。没想到，晚上随便一翻就被书中的内容吸引了，用了两个晚上的时间看了这本《区块链进化史》，感觉这是我目前看到的区块链方面的书中最深入浅出的一本书——用 26 个故事来诠释区块链发展进化史，让枯燥的科学技术理论读起来趣味盎然，实属不易。

从作者的简历了解到，他有多年的通信行业技术经验，也有海外网络管理的经历，还出任过互联网上市公司高管，并且自己创立过互联网公司。由于接触区块链技术较早，又有志于区块链技术的普及，加上对文学的爱好，作者得以从"树哥"解读白皮书开始，又在新生大学平台开设"树哥解读以太坊"课程，同时建立了"区块链从小白到精通"的视频课程。可以看出，作者已将这些年区块链技术普及的内容进行具象化，转化为一个个小故事。此次奉献给读者的《区块链进化史》，正是作者常年钻研，笔耕不辍的辛勤劳动成果。如果说有什么期许的话，尚感书的结尾有些突兀，希望能形成信息新技术的系列读本，以飨读者。

我想，愿意了解区块链技术的读者，可以把这本书作为入门的参考书，其内容轻松诙谐，也可以成为放在枕边的故事读本、出差路上随时翻看的伴读书。

中国企业联合会、中国企业家协会常务副会长兼理事长　朱宏任

2020 年 12 月于北京

目 录

引 子

记得早先少年时

大家诚诚恳恳

说一句 是一句

清早上火车站

长街黑暗无行人

卖豆浆的小店冒着热气

从前的日色变得慢

车马邮件都慢

一生只够爱一个人

从前的锁也好看

钥匙精美有样子

你锁了 人家就懂了

一名韶龄女子哼着这首《从前慢》从大楼内缓缓而出，她容貌极美，有着乌黑深邃的眼眸，浓密的眉，高挺的鼻，一身职业套装，显得优雅而从容。

她叫任潇潇，研究生期间学习国际金融专业，毕业后顺利进入一家证券公司，成了一名行业研究员。2012 年，任潇潇离职，做起了互联网金融。刚开始发展还比较顺利，可随着政策的变化、行业竞争的加剧，很多中小型互联网金融公司陷入困境，市场上哀鸿遍野。

这时候，一个叫"区块链"的新词汇逐渐火起来，任潇潇听说很多朋友加入了这个行业，于是也对区块链产生了浓厚的兴趣。

任潇潇一直都是个好学生，也对新兴技术有着非常强烈的好奇心。她开始在网上查阅相关资料，也加入很多区块链社区进行学习，但效果不佳。任潇潇认为原因如下：①区块链行业太新，没有系统化的培训教材。②区块链融合了计算机学科、密码学科、金融学科等多种知识，新概念晦涩难懂。③从业人员水平参差不齐，讲解互相矛盾。④各类社群目的不纯，以虚假概念销售金融产品。

直到有一天，任潇潇看到了一篇署名为"树哥"的文章。文章中的一段话打动了她：

简单回顾一下人类发展的历史，我们发现，人类走得确实越来越快了。从原始社会到农业社会，用了 160 万年；从农业社会到工业社会，用了 3000 多年；而从工业社会发展到信息社会，只用了 200 多年。

进入信息社会以后，社会的发展更是达到了"日新月异"的速度，大数据、人工智能、物联网……新科技不断推动着社会的数字化演进，技术正在重塑世界，人类也面对着更多的选择和发展方向。

现在，人类社会在"快"上的发展已经达到了极致，下一步需要在价值的发展上下工夫。而区块链则是人类社会在"价值"发展中不可或缺的一步。因为：

区块链可以将技术和金融完美融合。

区块链可以打通信息边界、金融边界、组织边界和信任边界。

区块链可以建立最广泛共识，并将共识凝结成价值。

区块链可以传递信任、传递价值。

虽然任潇潇并没有完全看懂这段话，不过那句"人类社会在'快'上的发展已经达到了极致，下一步需要在价值的发展上下功夫"确实打动了她。虽然她每天忙忙碌碌，但却喜欢那些诗意的"慢生活"，最喜欢看的是李子柒拍摄的各种生活视频，她认为李子柒的视频代表了对生命的一种美好、细致的体验。

任潇潇打听到这位树哥，据说树哥擅长将比较艰涩的概念用形象的方式解答清楚，已经帮助很多对区块链一无所知的人了解了区块链。所以她迫不及待地联系到树哥，请求他给自己讲解区块链。

1 密码学之战

任潇潇站在树哥的会议室里，对面有一块巨大的屏幕，屏幕前面的椅子上坐着一位留着短发、戴着眼镜、文质彬彬的男士。不知道为什么，看着这个人清清秀秀的样子，任潇潇忽然觉得，他和那个斯诺登长得有一点像。

一脸和善的"斯诺登"站了起来，走到任潇潇面前，伸出手热情地握了一下，"我就是树哥，英文名是 NEO。听说你想听我讲讲区块链？"

树哥的声音听起来有些低沉，带着磁性，却给人一种如沐春风的亲切感。任潇潇觉得树哥的英文名字挺有意思，电影《黑客帝国》中的主人公就叫 NEO，应该是 New 的谐音，寓意着开创新世界。

任潇潇："是的，我看了一些书，也参加了一些培训，可能是因为我没有计算机网络知识，一直也没能建立起区块链的体系。

树哥微微一笑，轻轻挥了挥手，巨大的屏幕开始变化，正中央出现了几个大字：1993 年！。

任潇潇：区块链不是近几年才出现的词吗？1993 年是什么日子？

树哥：任何事情都有一个开端。2009 年第一个区块链软件——比特币软件出现，但区块链萌芽的时间更早，我现在要带你找到区块链的萌芽。1993 年发生了两件非常重要的事，这两件事也是区块链产生的原动力。这两件事都和密码学息息相关，你了解密码学吗？

任潇潇：我只知道密码。我的银行账号、邮箱、社交账号都有密码。

树哥：这确实也是密码学的一个应用，咱们先聊聊有关密码学的事件。

信息的重要性不言而喻，其在战争中更是发挥着巨大的作用。

《孙子兵法》云："知己知彼，百战不殆。"其中，"知己"就是了解自己的信息，而"知彼"就是获取对方的信息。不过这句话没有提及如何不让敌方知道我方的信息。防止敌方获取我方信息的过程就是加密；破解敌方加密手段，得到敌方原始信息的过程叫解密。实际上，双方的目的都是保证我方的加密信息不被对方破解，同时破解敌方的加密信息。如果既能保证我方信息安全，又能获取敌方信息的话，那就可以实现"百战百胜"了。

例如在第二次世界大战中，英国数学家图灵[①]破解了德国的恩尼格码加密机，盟军借此对德军的战略部署和军事指挥了若指掌，从而利用情报主动权打败了德国，至少提前两年结束了战争。

接下来我们要讲的第一个故事就是密码学之战。

DES 数据加密标准

在第二次世界大战中，图灵破解恩格玛加密机的事件已经充分证明了密码学的神奇力量，所有国家都充分意识到密码学的重要性，把密码学当作宝贝一样严格管控。但是随着战争离大家越来越远，商业离大家越来越近，大家对待密码学的管控态度就有了一定的改变。

到了 20 世纪 70 年代，高速发展的商业对密码学的需求越来越大，于是一些商业机构向美国政府申请民用级别的加密方案，美国政府授权国家标准局制定相关的民用密码学标准。随后，美国国家标准局批准了 IBM 提出的加密方案，形成了民用的数据加密标准（Data Encryption Standard，DES）

这套标准在 1977 年被美国国家标准局确定为联邦资料处理标准，授权在所有非密级的通信中使用，也就是我们通常提到的 DES 数据加

---

① 图灵是计算机的原型机——图灵机的发明者，也是人工智能之父。

密标准算法。就这样，这套加密算法进入民间商业领域，并逐渐在全世界扩散。

美国政府对密码学流传到民间非常戒备，所以在 1976 年就制定了《武器出口限制法案》，其中就规定含有密码学的机器、加密软件等未经总统授权禁止向外出口。

RSA 加密方案

DES 数据加密标准虽然在商业领域大受欢迎，但密码学界却对这个加密方案存在广泛的质疑。有人质疑，按照当时的加密水平，DES 加密方案完全可以使用 64 位的密钥，但它却只使用了 56 位的密钥。

密钥越长，代表加密方案越安全。也就是说，美国国家标准专利局在可以使用 64 位密钥的情况下却偏偏使用了 56 位的密钥，降低了 DES 数据加密标准的安全水准。

有三位密码学家对 DES 数据加密方案的安全性提出质疑，所以他们就研究发明出一套新的加密方案，这套新的加密方案的安全性要远高于 DES 加密方案。这三位密码学家是 Ron Rivest、Adi Shamir 和 Leonard Adleman。所以大家就用他们名字的首字母——RSA 来命名这套加密方法，将其称作 RSA 加密方案。

RSA 加密方案与 DES 加密方案有什么差别呢?

如果说 DES 加密方案是现代密码学 1.0 版的话，那么 RSA 加密方案就可以称为现代密码学 2.0 版。DES 加密通常被称作对称加密法，而 RSA 加密则被称作非对称加密法。

简单来讲，DES 对称加密只有一个密钥，所以存储密钥和传递密钥都是问题。例如，我们发个加密文档给朋友，同时也得把密钥传递给他，他才能用收到的密钥进行解密。如果这个密钥在传输或存储的过程

中泄露的话，那么这个文档的安
全性就无法保障了。

　　而非对称加密则有两个密钥，
一个是公钥，一个是私钥。因为
私钥保存在用户手中，不用担心
存储和传输私钥的问题，所以非
对称加密的安全性比对称加密要
高得多。例如，我们想让朋友给
自己发信息时，只要把自己的公钥信息公开告诉朋友，所有的朋友都可
以用我们的公钥加密信息，我们收到信息后再用自己的私钥解密。

　　虽然 RSA 非对称加密法要比 DES 对称加密法安全，但加密效率却
远远赶不上 DES 对称加密法。

　　总结一下：

- 对称加密需要传递密钥，安全性差，但加密效率高。
- 非对称加密不需传递密钥，安全性高，但加密效率低。

完美隐私软件的诞生

　　这个故事的主人公菲尔·齐
默尔曼（Philip R. Zimmermann）
于 1954 年 2 月 12 日出生在美国
新泽西州肯顿，他开发了完美隐
私软件，完美地结合了 DES 对称
加密法和 RSA 非对称加密法。

　　菲尔·齐默尔曼是一个非常注重隐私的密码学家，他担心自己与
朋友的通信如果通过 DES 加密方案加密的话，可能无法保障隐私信息
的安全，所以他一直在寻求更加安全的加密方案。所以，当他了解了

RSA 非对称加密之后非常兴奋，立刻下载了软件来加密自己和朋友之间的通信。不过，菲尔·齐默尔曼很快便发现了问题，RSA 非对称加密法的速度实在是太慢了，加密一条信息要好几分钟，如果他和朋友之间的通信采用 RSA 加密法加密的话，中间的等待时间会让两个人都崩溃。但他们又因为安全问题不愿意使用 DES 对称加密法加密。

菲尔·齐默尔曼开始思考有没有办法把这两种加密方法结合起来使用。既然 DES 对称加密法效率高，那么大量的信息就可以用对称加密法加密。RSA 非对称加

密法效率低，就可以用它来加密信息量非常小的密钥，这样就等于在对称加密的密钥之外又上了一把更加安全的锁。如此一来，就完美地解决了这个问题。

想到就做，这是菲尔·齐默尔曼的做事原则。他用软件实现了自己的想法：在软件中用对称加密法加密信息，用非对称加密法加密密钥。

当然使用这款软件的用户不需考虑这些问题，这款软件的后端自动实现了这两步加密过程，它轻松解决了通信过程中效率和隐私保护的问题。菲尔·齐默尔曼非常满意，并给这个软件起了一个比较张扬的名字：完美隐私（Pretty Good Privacy，PGP）软件。

菲尔·齐默尔曼秉承的观念是：技术属于全人类，不应该受到限制。所以，他把自己开发的这款完美隐私软件公布在互联网上，任何人都可以免费下载使用。但菲尔·齐默尔曼万万没有想到，免费公开软件的事情却给他带来了天大的麻烦！

天大的麻烦

菲尔·齐默尔曼开发出完美隐私软件后无比兴奋，他迫不及待地把软件公布在互联网上，想让更多的人使用这款软件。不久，他便意识到了风险：自己没有 RSA 加密方案的专利授权。当年发明 RSA 加密方案的三位密码学家成立了 RSA 公司，专门销售 RSA 加密算法的相关软件。菲尔·齐默尔曼在他的完美隐私软件中集成 RSA 加密方案时没有联系过 RSA 公司，更没有得到 RSA 公司的专利授权。

不过他还是心存侥幸：相对于大名鼎鼎的 RSA 公司，自己只是个小人物，而且 PGP 软件并没有进行商业营利，RSA 公司应该不会关注到自己。

PGP 软件上线后受到广泛欢迎，很多人提出了改善意见，菲尔·齐默尔曼很快就忙于不断完善这款软件之中，专利授权风险的事情也被他抛在了脑后。

菲尔·齐默尔曼没有想到，PGP 软件实在太受欢迎了，一时间下载量巨大，他甚至专门为此升级了存放 PGP 软件的服务器带宽。毫无疑问，RSA 公司绝不会看着使用了 RSA 加密方案的 PGP 软件如此火爆而无动于衷。虽然 RSA 公司意识到菲尔·齐默尔曼确实是个天才，不过这样的天才却在挖 RSA 公司的地基，如果不进行积极防御的话，RSA 公司未来将会岌岌可危。

RSA 公司决定起诉菲尔·齐默尔曼。屋漏偏逢连夜雨，还没等菲尔·齐默尔曼想好怎么应对这个官司，更大的麻烦便出现了。如果说 RSA 公司的起诉只是侵权赔偿的问题，而接下来的麻烦则可能会导致他遭受牢狱之灾。

由于菲尔·齐默尔曼把 PGP 软件上传到了互联网上，这就意味着全世界的人都可以免费下载和使用这款软件。由于很多人想找软件来保护自己的通信隐私，而 PGP 软件则是网络上唯一一款又好用又免费的隐私加密软件，所以一时间兴起了一股下载 PGP 软件的热潮。

很快，PGP 软件触动了美国政府的神经。由于菲尔·齐默尔曼的 PGP 软件公布在互联网上，有美国之外的人员下载并使用，所以美国联邦调查局认为菲尔·齐默尔曼有违反《武器出口限制法案》的嫌疑。这个法案规定了所有的武器都必须得到总统授权方能出口，其中加密软件由于在战争中的巨大作用也被当成了武器，不得私自出口。所以，美国联邦调查局于 1993 年 2 月开始正式调查菲尔·齐默尔曼。

隐私大讨论

菲尔·齐默尔曼的这两个官司很快就引起全球计算机行业和密码行业的大讨论。大家对于菲尔·齐默尔曼侵犯 RSA 公司专利权基本上没有什么争议，没有得到专利授权就使用对方的专利方案，无论是否出于商业目的都属于侵权行为。但是，大家对菲尔·齐默尔曼是否违反了《武器出口限制法案》却有不同的看法，毕竟很多美国软件开发人员都非常信奉共享精神，都喜欢把自己开发的软件上传到互联网上供大家下载使用。如果仅因为开发共享了一个加密软件就被认定违反《武器出口限制法案》，那实在是太冤了，因为很多软件中会集成加密、解密的部分，如果真这样认定，那么软件开发人员就会人人自危。

因为《武器出口限制法案》中对加密软件属于武器有明确的规定，所以争论的焦点就集中在出口上。大家都在讨论：如果是存放软件的软盘、硬盘或者是电脑发送到美国之外的其他国家，这个算是出口；软件只是存放在互联网上，那还是出口吗？如果也算出口，那么在一些杂志上发表密码学论文，外国人也可以看到，这又算不算出口呢？密码学的书籍卖到全世界算不算武器出口呢？

这个问题还没有讨论清楚，又有更深层次的问题被提出来：个人的隐私和政府的管理边界到底在哪里？越来越多的人加入讨论，大多数密码学人士逐渐形成了共识：政府应该为纳税人服务，而不应为了管理方便而随意侵犯个人隐私，即使是为了保障公共利益不得不使用监听手段时，也应该有严格的边界，必须得到一定级别的授权。在这样热烈的讨论中，转机逐渐出现了。

转机

转机首先出现在 RSA 公司。RSA 公司本质上是通过为民众和商业机构提供加密、解密工具而营利的公司，公司创始人都是密码学专家，他们同样是个人隐私的坚定拥护者，保护个人隐私是 RSA 公司的价值观和基本理念。所以在这场大论战之中，RSA 公司旗帜鲜明地站在了菲尔·齐默尔曼这边。当然，RSA 公司站在菲尔·齐默尔曼这边除了理念的原因也有商业的理由。如果菲尔·齐默尔曼事件最终被认定为违反《武器出口限制法案》，那么就相当于也给 RSA 公司的软件出口筑起了一堵墙。

美国联邦调查局和菲尔·齐默尔曼的官司一直持续了好几年，热度越来越高。在普通民众眼中，这场官司俨然成为普通老百姓为了保护自己的隐私和政府之间的一场战争，如果这场战争赢了，那么密码学会有一个更加宽松的生存环境；如果这场战争输了，那么密码学的传播和发展将会受到限制。所以他们把这场官司称为"密码学之战"，而菲尔·齐默尔曼特则被称为"密码学战士"。

胜利

很多民众都在为菲尔·齐默尔曼募捐，支持他的官司，越来越多的人知道了 PGP 软件，全世界的人都在下载使用它。菲尔·齐默尔曼每天都可以收到无数支持他的邮件，他的信仰从来没有如此坚定过：为保护个人隐私战斗！

"当你知道去哪时，全世界都会为你让路"！当菲尔·齐默尔曼满怀信心去准备打官司时，好消息一个接一个地出现了。

第一个好消息来自麻省理工学院。麻省理工学院出版社出版了一本关于 PGP 软件引发官司的书，结果在全球大卖。这样，菲尔·齐默尔曼就等于拥有了一个实力雄厚的同盟，这就意味着如果政府最终认定菲尔·齐默尔曼违反《武器出口限制法案》，麻省理工学院出版社自然也就违反这个法案，那么站在法庭被告席的就不光是菲尔·齐默尔曼一人，还应该有麻省理工学院出版社。

第二个好消息来自美国联邦调查局。因为这个案子社会热度太大，而且社会上已经形成了共识，那就是政府不得滥用监控权侵犯个人隐私。也就是说，绝大多数民众都站在菲尔·齐默尔曼这边。现在他的阵营又出现了一个重量级别的帮手——麻省理工学院出版社。如果坚持打官司的话，美国联邦调查局的胜算实在不高；如果真输了这场官司的话，其将来的类似调查都会受到影响，甚至有可能产生保障密码学传播的法律条文，所以还不如及时收兵。于是，美国联邦调查局撤销了对菲尔·齐默尔曼的指控。

第三个好消息来自 RSA 公司。菲尔·齐默尔曼代表所有密码学人士打赢了"密码学之战"，RSA 公司决定不再起诉这位刚为密码学界立下大功劳的功臣，而且把 RSA 的专利免费授权给他。

RSA 公司的这一举动赢得了一片赞誉。他们虽然少收了一些专利费，但美誉度直线上升，业务量也随之高涨，同样成为这次战役的胜利者。而作为"密码学战士"的菲尔·齐默尔曼的收获就更大了：①免费获得 RSA 的专利，成立了 PGP 公司。②获得了"密码学战士"的美名，奠定了在密码学界无上的地位。

任潇潇：菲尔·齐默尔曼后来怎么样了？

树哥：菲尔·齐默尔曼开办的 PGP 公司后来被 Network Associates（NAI）并购。他一直从事密码学研究，还发明了几个 VOIP 中使用的加密协议。直到现在，他还是密码学界的元老，活跃在密码学行业之中。

任潇潇：这个故事太有意思了，真是佩服菲尔·齐默尔曼！

2　密码朋克要去中心化

树哥挥了挥手，巨幅显示屏上菲尔·齐默尔曼那帅气的照片渐渐隐藏了，又重新出现了那一行大字：1993 年！。

任潇潇："密码学之战"还真是跌宕起伏、峰回路转啊！树哥准备讲的第二个故事也发生在 1993 年吗？

树哥：第二个故事发生在 1993 年 3 月 9 日。这一天，发生了一件对密码学发展影响深远的重大事件——密码朋克发表了《密码朋克宣言》。

密码朋克

屏幕上出现了两个单词：Cipher 和 Punk，这两个词突然汇聚到一起组成了一个单词：Cyherpunk。

树哥：密码朋克（Cypherpunk）这个词其实是由 Cipher（密码）和 Punk（朋克）两个词组成的。朋克指一群有着共同信仰的人士，类似于大家常说的"网络骇客"。"网络骇客"的信仰是"生活低欲望，技术高标准"（Low Life，High Tech），密码朋克也类似，他们对密码学的传播起着举足轻重的作用。

任潇潇：您讲的"密码学战士"菲尔·齐默尔曼应该就是密码朋克中的一员吧？他开发出 PGP 软件让大家免费下载使用就很像密码朋克。

树哥：可以肯定，菲尔·齐默尔曼是密码朋克。密码朋克本身就是一个松散的组织，密码朋克之间的沟通大多是通过匿名邮件列表，大家互相不知道身份也都很正常。中本聪应该是这个组织中的一员，但因为他和别人通信的时候都会使用菲尔·齐默尔曼的 PGP 软件再加密一次，所以别人都不知道中本聪的真实身份。

任潇潇：这个组织的成员都是匿名存在的吗？好神秘！

树哥：应该说这个组织允许匿名存在。类似菲尔·齐默尔曼被调查的事情其实发生过不止一次，密码朋克共同的信仰是要用密码学保护个人隐私，密码朋克的目标是传播和扩散密码学。

在密码朋克出现的早期，密码朋克中还有人发起了一个"信息解放战线"活动。他们专门在一些受到管制的杂志或非常昂贵的杂志上找一些密码学的文章，找到这些文章后，把它们复制出来，传到网络上供一般人来学习。他们认为，这样就可以把这些密码学的知识从一些版权中解放出来。这些行为有时候非常危险，所以密码朋克并不是十分安全，很多人隐藏自己的身份进行通信就是正常的选择。不过，密码朋克中也有一些人公开了自己的身份，例如伯纳斯·李（Tim Berners-Lee），他也被称作"网页之父"。

朱利安·阿桑奇（Julian Assange）是维基解密的创建者，他被称作"黑客罗宾汉"，他认为信息的交流和透明会提升各个国家的治理水平。

蒂莫西·梅（Timothy C. May）是位老大哥，很不幸，他在前一段时间去世了。他曾经是 Intel 公司的首席科学家，1986 年退休，并在 1992 年与埃里克·休斯（Eric Hughes）开发出"匿名邮件列表"软件，密码朋克都用这个软件进行交流和沟通。

下面介绍的人物就是《密码朋克宣言》的起草者。

埃里克·休斯（Eric Hughes）是蒂莫西·梅（Timothy C. May）的朋友，他们邀请了 20 位密码爱好者在一起聚会，讨论各种技术和哲学问题。后来他们听取了别人的建议，将这个组织命名为"密码朋克"。不过密码朋克的创始人并不多，他们痴迷密码学，但并不想让别人知道自己的身份，也不想参加什么线下聚会。而如果在公开的网络上发表信息就会立刻被别人知道，根本没有办法保护自己的隐私。因此，初期密码朋克大多成员之间只是进行单点对单点的沟通。

匿名邮件列表

如何让所有想探讨密码学的人可以在一起自由探讨而不泄漏身份信息，这是密码朋克组织遇到的第一个重要问题。

直到1992年，蒂莫西·梅和埃里克·休斯开发出了匿名邮件列表，才算真正解决了这个问题。密码朋克第一次有了网上根据地，大家可以在匿名邮件系统中匿名发表自己的文章，或发表对于一些事情的看法，而不用担心别人获知自己的身份。很快，匿名邮件列表中就有了好几百位密码朋克。匿名邮件列表最大的特点就是匿名性，大家可以隐藏身份进行交流，越来越多有价值的讨论就出现了。

如何才能形成合力，建立起组织共识？这是密码朋克组织面临的第二个问题。

直到1993年，经过大家的多轮讨论和商议，终于形成了一个共识，于是大家委托埃里克·休斯起草《密码朋克宣言》（A Cypherpunk's Manifesto），并发表出来。《密码朋克宣言》在密码学历史上是一个里程碑式的文件。

《密码朋克宣言》发表之后，越来越多的人加入密码朋克组织。很快，匿名邮件列表中的成员数量就突破了1400人，很多人也就《密码朋克宣言》提出了自己的问题或者建议。所以在1994年，蒂莫西·梅发表了《密码朋克常见问题解答》（Cypherpunks FAQ）。

《密码朋克宣言》

大屏幕上出现满满的文字，标题上清晰写着《密码朋克宣言》。

树哥：《密码朋克宣言》可简单总结如下。

在一个不断走向电子化的世界中，我们的隐私不是得到了保护，而是走向更加危险的境地。因为在这个电子化世界中，信息收集会变得越来越容易，我们也更容易在网络上留下痕迹，从而泄露我们的隐私。

保护个人隐私不能依赖于政府或者任何中心化的机构。因为了解我们的隐私往往对它们有利，所以大多数情况下它们都会窥探我们的隐私，甚至会阻止我们学习、利用和传播密码学。

所以，我们只能自己保护自己的隐私。进入电子化的世界之中，保护我们隐私的难度比以前大了很多，不过我们现在也拥有了比以往更加强大的一些工具，例如密码学、电子签名、匿名邮件转发系统和电子货币等。

我们可以通过这些工具来创建一个匿名的电子世界，用我们强有力的工具来构建这个系统，保护我们的隐私。一行一行的软件代码就是这

1. 任何中心化的组织和机构都不可信。

2. 保护个人隐私只能靠自己，密码学是最有效的工具。

3. 通过密码学构建的匿名加密货币是这个体系的基础。

个世界的城墙，我们会把它们都公开，让任何人都可以利用这些软件来保护自己的隐私，我们也鼓励密码朋克们反复演练这些代码，因为熟悉这些代码就可以开发出更多保护隐私的软件。大众必须联合起来，为了维护大家的共同利益，合力部署这些系统，让一个全球通用的匿名电子世界成为可能。

密码朋克坚信密码学是构建这一切的基础！

匿名加密货币系统

任潇潇：听了《密码朋克宣言》之后很震撼啊！密码朋克的目标竟然是建立一个保护隐私的虚拟世界，这个好难吧！不说别的，我们在网上购物都会留下痕迹。

树哥：对。首先需要说的是，任何事物都有正反两面，包括我们一直所说的隐私。当没有任何监控的时候，一些违法的事情也就会发生。另外，个人的隐私数据也需要被保护，不能随意扩散，否则这个人的生活就会受到巨大的影响，所以我觉得隐私保护应该在适当的范围之内。

不过，密码朋克是用密码学保护隐私的坚定支持者，他们也坚决支持密码学的发展和扩散。密码朋克在匿名加密邮件组里讨论的时候就已经充分意识到了一点：因为现存的金融系统有 KYC 要求，所以根本没有办法在此基础上构建隐私的虚拟世界。

所谓 KYC，就是"了解你的客户"（Know Your Customer，KYC）。也就是说，金融系统必须记录用户信息，这样监管机构要查询某个人的交易就非常容易。事实上，通过金融系统追踪一个人最容易，如果你在某个咖啡厅刷了卡，就意味着你可能在刷卡的那个时间段出现在那个咖啡厅。而我们是社会化的人，我们需要消费，这就意味着，如果密码朋克们解决不了支付系统实名问题，那么隐私保护就是空中楼阁，无法实现。

所以，密码朋克们经过反复讨论，认为一个匿名的加密货币系统是隐私保护的基础。原因也很简单，现有的金融机构是不可能支持密码朋克来做这样的匿名系统的。换句话来说，密码朋克们不可能做一个美元的匿名电子货币系统，而必须建立一个属于他们自己的匿名电子货币系统。

密码朋克们都是密码学家，有的只是密码学知识、编写代码的技能和他们心中的梦想。因此，他们只有一条路可以走，那就是利用他们的才能，用软件构架出一个基于密码学的匿名加密货币系统。这就是比特币出现的最初根源。

大屏幕上呈现出一张图,在遥远的山巅上插了一个红旗,显示着密码朋克们的目标:我们要建立匿名加密系统!而一群密码朋克们在前赴后继准备攀登。

什么是货币

任潇潇:自己开发的加密货币也可以算是货币吗?拿着自己开发的加密货币从别人那里买东西,人家怎么会接受呢?

树哥:其实这个问题也是密码朋克们一直争论的问题。货币一般由国家发行,人民币是中国发行的货币,美元是美国发行的货币,日元是日本发行的货币。不过,一些有实力的地区或组织也有可能会发行货币。例如,欧洲各国联合起来发行的欧元,中国的香港地区也有自己的港币。

货币需要发行方的信用体系来保障价值,如果发行方信誉破产,那么其发行的货币就是一张纸。津巴布韦就发生过由于国家信誉破产,最终导致 175 千万亿津巴布韦元才相当于 5 美元的惨剧。

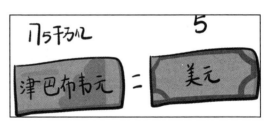

曾经的津巴布韦元与美元兑换比率

津巴布韦最终废除了自己的货币,成了一个没有本国货币的特殊国家。

任潇潇:其实货币的发行方有国家、有地区,甚至也有私有商业机构。从我国宋代开始,由于银两较重,不便携带,于是就出现了银票,用于兑换银两。银票分为官票和私票两种,所谓官票就是政府发行的银票,相当于货币;所谓私票就是某个商行发行的银票,任何人都可以在这个商行中用银子来换一些银票,当然也可以用银票把自己的银子从另一个城市换回来。一些商行联合起来,共同发行银票,老百姓也可以在这些商行旗下的商店直接使用银票，这时候的银票就有了一些货币的功能了。

树哥：你说的没错。密码朋克们认为，货币发行容易，但如何让它们具有价值则是个难题。

这就需要货币发行方的信誉来支撑，如果发行方的信誉破产，也就意味这个货币本身的破产。大多数情况下，越有实力的货币发行方越有信誉，其发行的货币价值也就越有保障。商会发行的银票因为商会本身破产或监守自盗而导致私票不能兑换银两的现象屡屡发生，而官票则很少出现这种现象，这充分说明了发行方信誉的重要性。

但本质上货币的价值依赖于发行方本身，无论发行方是一个组织还是一个国家，都有可能出现各种各样的问题，从而导致这个货币出现问题。

所以，密码朋克认为，只要越来越多的人愿意使用他们发行的加密货币，愿意相信它，那么加密货币的应用就有可能。当然，他们也知道这一点非常难，却没有想到将来创造的加密货币根本实现不了货币的功能。

货币发行必须依靠信用

3 玛丽一世女王的密信泄露了

任潇潇：听你介绍了密码朋克和《密码朋克宣言》，我感受到一种信念的力量，尤其是一群人有一个共同的信念时所产生的力量。密码朋克的信念是建立一个由密码学构建的虚拟世界，这宏大的愿景确实让我震撼。虽然对密码学越来越感兴趣了，但我没有任何密码学的基础，能再给我讲一讲密码学吗？

树哥：当然可以了。你来我这里的目的是了解区块链的前世今生，而区块链的发展史与密码学的发展史交织在一起，区块链的出现也和密码朋克的努力分不开。区块链中大量采用了密码学的相关知识，所以给你介绍密码学的历史本来就是我计划中的一个部分。你了解过哪些信息加密方法？

任潇潇：我曾经读过一首诗，不知道算不算是信息加密方法。芦花丛中一扁舟，俊杰俄从此地游。义士若能知此理，反躬难逃可无忧。

树哥：这是《水浒传》中吴用写的一首藏头诗，每句话的第一个字连在一起就是这首诗的本意，逼迫卢俊义反上梁山。古诗文里有很多类似的藏头诗，也有藏尾诗，还有拆字藏头、离合藏头等。藏头诗是其中比较简单的一种加密方案。

任潇潇：我还看到一个故事，抗日战争时期老百姓用米汤来写情报，米汤干后痕迹就会消失，情报送到接收人手中后再用碘酒涂一下，信息就又显示出来了，谍战剧里类似的情节也很多。

加密学的两个阶段

树哥：无论是藏头诗还是用米汤写情报，这些都是隐藏法，也就是用不同方法把信息隐藏起来。因为汉字是表意文字，所以除了隐藏法之外，似乎也没有其他更好的加密方法了。

如果把加密方法简单分为两个阶段的话，那第一个阶段就是古典加密阶段，第二个阶段就是现代加密阶段，也就是通过计算机进行加密。对于汉字这样的表意文字，只有通过计算机加密法把汉字变成 0、1 这样的代码之后，才可以真正应用各种各样的加密方案。在古典加密法中，对于汉字，除了隐藏加密法外没有太多的加密方案。

古典加密和现代加密怎么区分呢？简单来说，计算机时代之前的加密法都叫古典加密法，而使用计算机之后的加密法叫现代加密法。

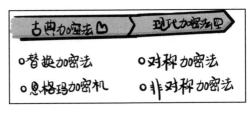

加密法两个阶段

在古典加密法时代，有两个比较典型加密阶段：替换加密法阶段和恩格玛加密机加密阶段。而现代加密法又可简单分为对称加密法和非对称加密法。如果再往下发展，我们认为应该是量子加密阶段。

信息数字化的重要意义

任潇潇：按这样划分的话，DES 对称加密法和 RSA 非对称加密法都属于现代加密法，而我们现在经常听到的量子加密应该是属于下一个时代的加密法。我不太理解的是，在古典加密学中，由于中文是表意文字，所以在使用计算机加密之前只能使用隐藏加密法，这么说来，英文和数字之类的，在古典加密法中还有其他的加密方法吗？

树哥：这其实是两个问题。第一个问题是为什么计算机可以对中文进行处理？第二个问题是在计算机时代之前，对于英文和数字等还有什么不同的加密方案。

　　首先说第一个问题。我们说计算机可以进行信息处理，但实际上计算机只能认识 0 和 1，也只能执行 0 和 1 的程序，因为 0 和 1 的状态是这个世界的基本状态，非常好实现。例如，继电器打开就是 0 的状态，合上就是 1 的状态；电路通电就是 1 的状态，不通电就是 0 的状态。所以，计算机就全部采用了这样 0 和 1 的信息接收和命令处理模式。

　　这就意味着，无论是什么形式的信息，中文、英文、图片、视频都需要转化为 0 和 1 的形式通过计算机进行处理。在这种情况下，无论是中文还是其他的信息都无关紧要了，因为都已经转化成了 0 和 1 的代码，这样在计算机里对汉字进行加密和解密处理就成了计算机最擅长的数学运算。

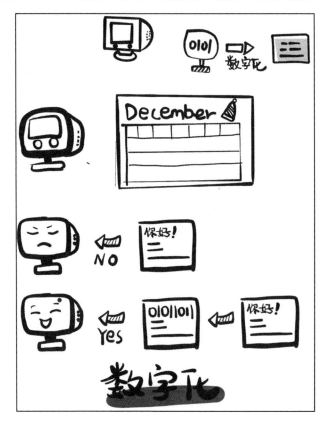

第二问题，在古典加密阶段，数字和英文可以采用哪些方法进行加密处理？基本思路就是把数字和英文都当成数字，进而转化为数学运算的方式。例如，令英文字母 A 加 1 就等于英文字母 B，这样英文字母也就可以进行数学运算了。当然，这是因为英文是表音文字，一个单词的若干字母都可以通过这样的方案进行加密或解密，而中文是表意文字，再怎么把偏旁部首拆解变化也不能使用数学运算方式。

现代加密学也沿用这样的思路，想办法把加密、解密变成数学运算的方式，当中文可以变 0 和 1 的时候，也就是可以进行数学运算的时候。

古典加密时代又可以简单分为两个阶段：替换加密法阶段和恩格玛加密法阶段。

替换加密法

树哥：你平时是怎么设置密码的？你觉得怎样才能设置一个容易记住但又不容易被别人猜到的密码呢？

任潇潇：我通常就用出生日期做密码。

树哥：大多数人都是这样设置的。使用出生年月日数字做密码容易记忆，但并不安全，很容易泄密。因为现在很多网站都会记录用户的生日，我们的身份信息也就随之泄露。我教你一个非常简单的方法——移动加密法，就是把密码进行移位变成新的数字。例如我的生日是 1985 年 10 月 29 日，正常记录的密码就是 851029，如果我们采用移位 2 位的方法，也就是每个数字都往后错 2 个数字，那么 8 就会变成 0、5 就会变成 7，依此类推。这里需要注意的是 8 和 9，当 9 后面没有数字的时候，就再从 0 开始，那么之前设置的密码 851029 就变成了 073241。

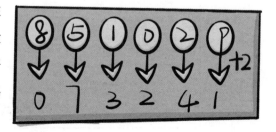

这样，我们就可以说原文是 851029，而加密过的密文就是 073241，把 851029 移位变成 073241 的过程就是"加密"。当然，这只是移动 2 位的方案，如果想移位 3 位、5 位也没有问题，甚至可以每一个数字移位都不一样，如第一个数字移动 1 位，第二个数字移动 2 位，依此类推，直到第六个数字移动 6 位，那么 851029 就会变成 974475。

可见，如果采用这种非常灵活的加密方案，即使有人知道了我们的出生日期，也很难得知我们的加密方法，就不容易破译我们的密码了。这就是一个非常简单的通过移动加密法来解决"密钥"加密的方案。

每一位数字采用不同替换方案加密

移位法算是一种特殊的替换法，就是用新数字替换掉旧数字。实际上，替换加密法是加密学中的第一代加密方法，也是一种比较有效的加密方法，在相当长的一段时间内，都没有很好的破解方法。

不过，"道高一尺，魔高一丈"的事也会出现，解密永远站在加密的对面，它们的博弈从一开始就非常激烈。最终替代加密法和移位加密法还是被破解了——通过"频率分析法"破解。有一个非常典型的密码破解故事，那就是玛丽一世女王的故事。

玛丽一世女王

玛丽一世女王是位非常传奇美丽的女子，她会 6 国外语，才华横溢，却命运多舛，一生颠沛流离，最终被她姑姑监禁整整 18 年，不堪受辱的她和外界支持者密谋发动政变，意图推翻表亲伊丽莎白一世的统治，但最终失败，被送上断头台。

她出生 6 天就成为苏格兰女王，5 岁被送到法国，在法国王室长大，嫁给法国法朗索瓦二世，成为法兰西的王后。但之后丈夫去世，她返回苏格兰，主导苏格兰的政局。

回到苏格兰后，她执意嫁给了一个英格兰人，并生下了一个孩子，名字叫斯图亚特，这个孩子最后成为苏格兰和英格兰共同的国王。之后她和丈夫交恶，并受到叛军的袭击，她的丈夫最终被杀害，而她又嫁给了一个野心勃勃的侯爵。苏格兰的贵族不能忍受大权旁落，终于发动了政变，囚禁了玛丽一世女王，最终逼迫她退位。

退位后玛丽一世女王逃到了英格兰，这里是她的表亲伊丽莎白一世女王的地盘。伊丽莎白一世女王考虑再三，决定将玛丽一世女王囚禁。原因是在英格兰内部，有相当一部分势力认为玛丽一世女王更有资格做英格兰女王。伊丽莎白女王为了保全自己的王位，所以决定将玛丽一世女王关押。

但玛丽一世女王并不安分，英格兰还有她的不少支持者，所以她决定发动政变。

用替换加密法加密情报

树哥：众所周知，发动政变是一个高难度的技术活，其中最重要的就是信息加密传递，也就是秘密情报的传送。怎样进行信息加密呢？换句话说，即使信息不慎丢失或被截获，也必须保证其他人看不懂信息的含义，这才能保障参与行动的各方人员的安全，政变才有可能成功。

出于这些考虑，玛丽一世女王和她的支持者就采用了替代加密法加密情报。简单来说，就是把 26 个英文字母用一些简单的符号替代，例如 a 用圆圈代替、b 用三角代替等。这样，信息就变成了一些特殊符号的集合，外人如果不知道符号的意思，也就无法猜测信息内容。

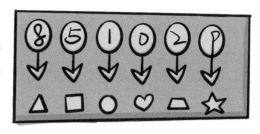

这样的符号体系非常简单，他们每次传递的信息也不会多，所以短短几个星期后，玛丽一世女王就可以不用查对字母和符号替换表，熟练地直接用符号来读写信息。传递情报的都不是核心成员，他们也无法得知信息的真实意义。

不幸的是，玛丽一世女王的阵营中出现了一个双面间谍，他把信息传递到了伊丽莎白一世女王那里，伊丽莎白一世女王拿到这个符号写成的信息研究了很久，还是不得要领。不过，伊丽莎白一世女王是个心思非常缜密的人，为了把玛丽一世女王的所有支持者都挖出来进行大清洗，她决定放长线钓大鱼。她表面上按兵不动，假装不知道玛丽一世女王的小动作；背地里却把信息都抄下来，召集专门人员来进行破解。

负责解密的人员最初看到这些圆圈、三角等符号都迷惑不已，无法确定具体含义。不过，伊丽莎白一世女王下了死命令，如果不能破解，就砍掉他们的脑袋。于是，这群人就天天揪着头发对着这些符号进行讨论，猜测各种可能性。

用频率分析法破解情报

揪掉无数头发之后，他们还真找到了一些规律。他们发现，英文字母在信息中出现的频率其实不同。例如在一篇文章中，T 出现的频率比 Z 要高得多，这很好理解，因为带 T 的单词就比带 Z 的单词多得多。基于这个发现，他们提出了"频率分析法"。

掌握了这个基本规律，破解方法就很简单了。他们把密文信息中所有符号的出现频率统计出来，然后再对照英文字母的频率一个一个替换，如出现最多的符号就用 T 来替换、出现最少的用 Z 来替换，其他符号的替换方法也是如此。当替换出来的单词不对时，如替换出来的是 appre，那么合理猜测单词可能是 apple，如果这个单词在句子中的意思正确，就再用 l 替代之前的 r。就是用这种简单的方法，他们逐渐把整个字母和符号的对照表都推导出来，这个加密方法也就被整体破解了。之后，他们读密文就和读明文没有任何区别了。而此时，玛丽一世女王还被蒙在鼓里。

当玛丽一世女王的所有情报信息都被伊丽莎白一世女王掌握的时候，那就代表着政变成功的概率已经为零。毫无意外，伊丽莎白一世女王成了最后的赢家，不但把反对自己的官员清洗一空，也把玛丽一世女王送上了断头台。

任潇潇：有了频率分析法，替换加密法就再也没有用武之地了吧？

树哥：也不能这么说，密码学在早期发展得很慢，古典加密学中的加密方法基本上都是以替换加密法为基础发展起来的，用了差不多上千年。就像《道德经》里讲的那样，"有无相生，难易相成，长短相形，高下相倾，音声相和，前后相随"。矛和盾本来就是一体两面，加密法和解密法也是如此，谁也离不开谁。针对频率分析法，密码学专家开始在消除符号出现的频率上大做文章，于是恩格玛加密机应运而生。

树哥：人们对信息加密的需求永远不会停歇，当一代加密方法被破解后，新的加密方法就会应运而生，这就是加密法和解密法的博弈，正如我之前所提到的，加密和解密就是矛盾的一体两面。

具体来讲，替换加密法的最大问题就是可以根据字母出现的频率来推导出字母和符号的对照表。那么针对这一缺陷，改进移位加密法或替代加密法的核心就是消灭密文中符号出现的频率。也就是说，通过某种方法使密文中各种符号出现的频率差不多，恰好就解决了这一问题。密码学家们顺着这一思路努力，最后创造了恩格玛加密机。

恩格玛加密机外面由木质盒子包裹着，机器上方有 13 组齿轮，齿轮右侧是一个旋钮。每个齿轮上都刻有从 A 到 Z 26 个字母，而在齿轮的下方则是一个按照键盘排布的显示灯，再下面就是一个老式打字机的键盘，每个键位都有一根钢丝支撑高高跷起来。机器的最下端则是密密麻麻的接线端，看上去这个机器的内部无比复杂。

用足够多的替换方案隐藏密文符号出现的频率

树哥：恩格玛加密机在密码学界大名鼎鼎，说它影响了"二战"的局势都毫不过分。恩格玛加密机是德国在"二战"中大规模使用的加密技术，也是当时最高端的加密技术，号称无法破解。正是基于对恩格玛加密机的自信，德国最终战败时都没有发现恩格玛加密机被破解了。也正是由于恩格玛加密机被破解，德国的军事情报源源不断地被盟军获知，导致德国在军事上处处被动。

恩格玛加密机诞生于 1918 年，是德国科学家亚瑟·谢尔比乌斯的发明。其基本思路很简单——既然替换加密法很容易被通过频率分析破解，那就采用多套替换法，例如在第一套替换法中，a 替换成圆圈，b 替换成三角；在第二套替换法中，a 替换成三角，b 替换成圆圈，再加几套替换法后，最终的密文就显示各种符号出现的频率差不多。采用这种方法加密，解密就比较困难，因为每个字母都需要对应不同的解密法。

从理论上说，这种方法是无敌的，因为如果有足够多的替换方案，就没有办法分析密文中每个符号出现的频率，这个密文也就永远无法破解，恩格玛加密机就利用了这样的原理。它采用齿轮的方式，每输入一个字母就会换一套加密方法。如果有 8 组齿轮、每个齿轮有 26 个格子的话，那么这个机器就会有 2000 多亿套加密方法。乍一看，这怎么能破解呢？应该算是一个绝对安全的加密方法了。

如何保障加密和解密的高效

树哥：不过这只是理论上的推算，因为创造加密方案是为了应用，如果不能顺利应用那就没有意义了。如果一篇文章每个字母使用一套加密方法，那 1 万个字母就要用 1 万套加密法，倒是安全了，可负责加密的人工作量就太大了，负责解密的人也是如此。例如加密一条几百个单词的信息要用几个小时，这个效率实在是太低了。

"二战"时期，德军当然也考虑到了这一点，所以恩格玛加密机就采用了密钥机制来解决个问题。密钥可以理解为指代哪套加密法，例如密钥 "528"，就表示加密这条信息使用第 5 套、第 2 套、第 8 套加密法。也就是说，第 1 个字母用第 5 套加密法、第 2 个字母用第 2 套加密法、第 3 个字母用第 8 套加密法，第 4 个字母再转回来用第 5 套加密法，依此类推。就这样每 3 个字母一组，循环使用第 5 套、第 2 套、第 8 套加密法，在每次加密之前，只要告知友军类似"528"这样的密钥，友军收到信息后就能利用第 5 套、第 2 套、第 8 套解密方法顺利解密了。加密和解密的工作都是由加密机来做的，人只需要拨一下齿轮，确定密钥的数字就好。例如密钥"528"，只把第一组齿轮拨到 5，第 2 组齿轮拨到 2，第三组齿轮拨到 8 就可以了。

为了避免传递密钥时发生问题，恩格玛加密机还设有一个小窗口，让使用双方随机选定 3 个字母，之后的每次加密都会自动更换加密方案。为了更加安全，他们还可以每天更换一次初始设定的 3 个字母，这样一个月的初始设置值只有 90 个字母，非常方便。

"二战"中，德国军队大量使用了这样的加密技术。例如，德国潜艇喜欢运用"狼群战术"，就是集中几艘潜艇的力量攻击一个海上目标，摧毁重型舰船。这种战术需要频繁使用无线电进行通信，他们就用恩格玛加密机来加密信息。

如何破解恩格玛加密机

树哥：以英国为首的盟军监听到了这些信息，但因为无法破解而束手无策。为了打破这种被动局面，英国很快就组织了大批专业人员进行解密工作。其中有语言学家、数学家和密码学家。随着战争的发展，他们很快从最初的 20 多人扩充到 9000 多人，这些顶尖的科学家夜以继日地破译密码，可见情报在战争中是多么重要。

在这群人中有一个天才科学家——图灵，他为计算机发展做出了巨大的贡献，他设计的图灵机是现代计算机的概念模型，他因此被称为"计算机框架之父""人工智能之父"。"二战"期间，在以图灵为首的科学家团队的不懈努力下，最终成功地破解了恩格玛加密机，使英国占据了情报主动权，至少提前两年结束了"二战"，从而挽救了千千万万的生命。

图灵他们破解恩格玛加密机经历了千辛万苦。首先，恩格玛加密机在"二战"之前就已经开始商用，当时的波兰情报局获得了一个商用版的恩格玛加密机，他们同时在德国有自己的间谍，每天都能得到当天的密钥，后来他们还获取了恩格玛加密机军用版本的构造说明书。但即使是这样，经过整整七年的努力，波兰科学家们还是没能成功破解恩格玛加密机。后来"二战"爆发，波兰科学家就把第一版本的恩格玛加密机的内部构造分享给英国，同时也移交了全部破解成果。

其次，在战争过程中，英国捕获了一个德国潜艇，这个潜艇上就有一台恩格玛加密机和一个钥匙本。不过，仅有这些是远远不够的，因为德国在使用加密机时，发信双方会采用随机密钥本，如果不知道这个随机的密钥，仍然不能破解恩格玛加密机。

最后，图灵参与了破解工作。不过，图灵并不是完全利用数学手段来破解，而是利用捕获的那台恩格玛加密机和德国军事发报人员常常会犯的一些"小错误"来进行破译。虽然要求每次使用的初始字母是随机的，但事实上，人都有特定的行为习惯，军事发报人员的输入同样也有章可循。例如，有的人习惯输入 abc，有的人习惯输入键盘的一个区域（如 qwe），也有人会输入自己女朋友的名字等。基于这种习惯行为，图灵开始把这些常见的信息，甚至女孩子们的常见姓名当作随机数，通过那台恩格玛加密机进行尝试解密。他们也发现了一些信息的固定规律，如所有的信息都会有"希特勒万岁"等字样。通过这些不变的信息进行测试，就会得到很多有价值的发现。为了确认某些密钥，英国海军甚至"配合"德军采取一些行动，由此得到德军的信息情报往来，再反复分析获取的情报密文。例如，英国海军登陆某个海岛，那么在德军信息中一定会有这个海岛的名字，这个名字也就可以作为推导密钥的参数。

当然，实际的破解过程还要复杂得多，不过图灵他们的工作结果也卓有成效，他们把密钥的可能性从 2000 亿种降低到了 105 万种左右。但即使仅有 105 万种可能性，也是需要大量的计算尝试工作。当时还没有计算机，图灵他们就设计了一种可以进行计算的机器，并形象地命名为"炸弹"，专门破解恩格玛加密机的密钥。经过不懈的努力，"炸弹"一小时左右就能破译当天的密钥，帮助盟军真正占据了战场信息主动权。

任潇潇：真是不易啊！我看过电影《模仿游戏》，讲的就是图灵破解恩格玛加密机的故事，今天跟着您又回顾了一遍这个故事，依然很感慨。

树哥：密码学可简单划分为古典加密学和现代加密学。我们已经介绍了古典加密学中的替换加密法和恩格玛加密机，现在开始介绍现代加密学中的对称加密法和非对称加密法。

相信你听到非对称加密法一定很熟悉，因为我在"密码学之战"的故事中就提到过 DES 对称加密法和 RSA 非对称加密法，现在我们从技术方面探讨这两种加密法，区块链中会大规模使用这些加密学技术。不过我们要先了解一个重要的概念——密钥。

什么是密钥

任潇潇：我之前一直以为密码和密钥是一回事情。不过听完上一个故事，知道它们并不相同：一个加密法有多套加密方案，假如有 10 套方案，那么密钥"528"就是轮流采用第 5 套、第 2 套、第 8 套方案对信息进行加密。这时候，接收信息的一方也采用密钥"528"（第 5 套、第 2 套、第 8 套方案）解密信息。密钥长度越长就越安全，但长度越长就代表

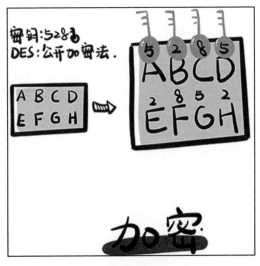

如何用密钥加密

加密的时间也越长，所以在恩格玛加密机中采用了适当的长度。但我还是不太理解密钥存在的意义。

树哥：其实有密钥的最大好处就是算法可以公开。这是什么意思呢？例如玛丽一世女王用三角替代字母 A，用圆形替代字母 B，这个故事中最核心的其实就是这套加密方案，如果这套加密方案泄露了，那信息也就泄露了。这就是没有密钥的隐患。

而有密钥的时候，假如这个加密法有 10 套加密方案，这 10 套加密方案可以公开，由于大家不知道采用的密钥是什么，所以也没有办法对加密过的信息进行解密。而信息接收方因

为知道使用的密钥，所以很容易解密信息。

任潇潇：我终于明白了。密码学发展到现在相当于连加密方法都可以不用保密了，只要收信方、发信方都保护好共同的密钥就好了。

树哥：密码学发展的规律就是，需要隐藏的信息越来越少，可以公开的信息越来越多。例如在隐藏加密法中，我们需要把整个加密方案都隐藏，写一首藏头诗，当别人知道加密方案是"藏头"时，那么信息就被破解了。到了对称加密时代，所有的加密方案是公开的，要保密的只有密钥。而到了非对称加密时代，不光加密方案可以公开，密钥中的公钥部分也可以公开，需要保密的只有私钥。

RSA 非对称加密的诞生

任潇潇：你在"密码学之战"的故事中介绍的 DES 数据加密标准就是一套对称加密标准，它也是公开加密方案，保留自己密钥的一种方案。不过这套方案提出后却受到了很大的质疑，因为大家怀疑这套方案中有安全隐患，所以才出现了非对称加密法 RSA。

树哥：传统加密只有一个密钥，非对称加密有两个密钥，一个是公钥，一个是私钥。公钥公开，由别人加密，私钥自己保留。

任潇潇：这就和您一开始总结的一样。RSA 是非对称加密技术，要把密钥也分成两个，自己只保留私钥。密码学越进步，需要保密的东西越少。在对称加密中，加密、解密的密钥是同一个，必须要保存好；

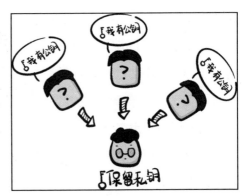

而非对称加密则可以把加密的公钥公布出去，私钥自己保存。我突然想到两个案例来类比这两种加密方案。①对称加密：我给朋友发一个加密文档，然后电话告诉她密钥是什么，我们用同一把密钥。②非对称加密：朋友们给我汇款，我用我的身份证就可以取钱。我的账号就是公钥，身份证就是私钥。

树哥：这么理解也没问题。RSA 非对称加密法的诞生过程正如右图所示。

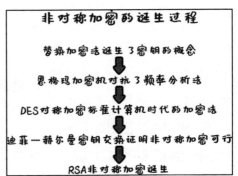

非对称加密的特点

树哥：加密技术越发展，可以公开的信息越多。非对称加密有非常重要的特点：公钥和私钥生来就是一对儿，公钥加密后，私钥可以进行解密；私钥加密后，公钥可以解密。私钥和公钥可以由软件一同产生，它们之间的相互解密由数学运算保证。

任潇潇：这句话我不太明白。能不能理解为它们是具备相同 DNA 的涂色剂，检测到相同的 DNA 就可以褪去颜色。假如把加密过程当作涂色过程，用公钥对信息进行加密后，就相当于对信息进行了涂色，我们就看不到信息的内容；而用私钥进行解密时，就相当于染色剂检测到相同的 DNA 就会自动消失，信息就都显露出来了。当然，私钥进行加密也是对信息染色，公钥进行解密可以让染色剂消失。总结起来有两点：①公钥加密过的信息，私钥可以进行解密；②私钥加密过的信息，公钥可以进行解密。

树哥："公钥加密、私钥解密，私钥加密、公钥解密"这 16 字看似简单，但在现实世界中有非常广泛的应用。

第一种应用：公钥加密，私钥解密。

这是一种比较常见的应用。一个人需要接收很多信息的时候，只要他把负责加密的钥匙发给那些发信息的人，把负责解密的钥匙自己留着，就不用担心信息传递的安全性了。而公布给别人的那把钥匙就叫"公钥"，自己保留着的那把钥匙就叫"私钥"。合作方们互相保留对方的公钥，自己保留私钥，就不需要每个文件都有不同的密钥了。另外，由于私钥都保留在自己手中，所以它的安全性会大大提升。

那么，假设一个网络中有 3 个用户 A、B、C，如果大家把自己的公钥都公开，且都保存着自己的私钥，那么任何两个人之间都可以直接发送信息，只要用对方的公钥加密，对方自己用私钥就可以解密。

不过，这时候有可能会出现一个新的问题：A 可能会假冒 B 的名义给 C 发一条消息。例如在商业环境中，B 和 C 在谈一笔生意，A 不想让 B 和 C 谈成，就假冒 B 的名义给 C 发一条加密的消息：B 决定与 C 终止合作。因为信息是以公钥 C 来加密的，C 可以用自己的私钥来进行解密，所以 C 就可能信以为真。

这种问题该如何解决呢？这就要用到非对称加密的第二个功能了。

第二种应用：私钥加密，公钥解密。

这时候就需要用私钥来加密，用公钥来解密。因为公钥信息全网公开，这意味着当 A 用私钥加密后，全网所有人员都可以用 A 的公钥来解密，以验证是否为 A 发出的消息，这样的过程被称"签名"。

把这套签名机制再套在公钥加密、私钥解密的机制上，签名就像信封一样，确保发信人正确，信中的内容确保收信人正确。这样就可以完美解决假冒别人身份发信息的问题了。

例如正常情况下，B 如果想给 C 发送信息，则需要首先用自己的私钥签名，做一个信封，然后用 C 的公钥进行加密。C 收到信息后，首先用 B 的公钥解密，确认是 B 发出的信件，然后用自己的私钥解密信息。A 再想假冒 B 的身份发送信息时，发现没有 B 的私钥无法签名。所以就用自己的私钥签名，然后用 C 的公钥加密信息。当 C 收到信息时，首先会用 B 的公钥进行解密，发现不对，说明发信方是假的，就不会再相信信息内容。

任潇潇：那这两种应用一般在什么情况下出现呢？

树哥：菲尔·齐默尔曼开发的 PGP 软件就采取了第一个用法，即公钥加密、私钥解密。而区块链签名采用的则第二个用法，即私钥加密、公钥解密。

PGP 软件：公钥加密、私钥解密

树哥：非对称加密相比与对称加密来讲效率要低得多。RSA 非对称加密算法的密钥推荐为 1024 位，这么长的密钥导致计算量非常大，因此它的加密效率只是同级别对称加密算法的千分之一。如果原文信息再长一些，那计算时长可想而知，这就是信息量比较大时不使用非对称加密算法的原因。例如加密一段话，花了半分钟你可以接受，但要半小时你就受不了。非对称加密效率低，信息越长加密速度越慢。

但又不能直接用对称加密，因为 DES 数据加密标准本身受到密码朋克的质疑，不太安全。另外，对称加密还涉及密钥传输及存储的问题，也不安全。例如加密、解密用同一套密钥，万一存储在电脑上的密钥被攻破了，或者传输密钥的时候被人截获了，那么原来所有信息的安全性都无法保障了。

菲尔·齐默尔曼的 PGP 软件把对称加密法和非对称加密法结合起来使用。对称加密法效率很高，那么就用对称加密法来加密大量的信

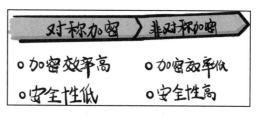

对称加密和非对称加密对比表

息文本。对称加密法的密钥传输不安全，就用非对称加密法来加密对称的密钥。因为密钥的长度一般都很有限，所以对于非对称加密来讲毫不费力。解密的时候就反过来，先用接受方的私钥把对称加密的密钥解出来，然后用密钥解密信息文本。这样就轻松解决了这个问题。

任潇潇：这个过程还是挺复杂，我们发送信息的时候要加密两次，第一次用对称加密法来处理信息，第二次用非对称加密法来处理对称

密钥。对方收到信息后也要解
密两次：第一次用非对称法来
解密对称密钥，然后用这个密
钥来解密信息。我能不能这样
理解，假设我要给你寄一本书，
书就是我给你的信息，然后把
这本书放在一个带锁的箱子里，
这个过程就是对称加密，当然
这个箱子就可以直接邮寄给你

了。但还有个问题，这个箱子的钥匙怎么办？如果我直接邮寄给你的话
怕丢失。那么我又找了一个带指纹锁的箱子，只有用你的指纹才能打
开。我把钥匙放在这个指纹锁箱子中，也寄给了你。你收到这两个箱子
之后，先要用自己的指纹把箱子打开，拿到钥匙，然后再用这个钥匙打
开装书的箱子。是这样的过程吗？

树哥：这个类比非常形象。简单来讲就是，用非对称加密法来加密
对称加密的密钥本身。基于这种加密方法，有人称这种技术叫"数字信
封"，即用非对称加密法来加密信封，用对称加密法来加密内容。接下
来我再介绍使用私钥加密、公钥解密的方法——私钥签名。

区块链转账签名：私钥加密、公钥解密

树哥：私钥加密、公钥解密的这种方案叫签名应用，银行和区块
链行业大量使用了这项技术。银行的账号就类似于公钥，而你手中的 U
盾中就包含了私钥。每当你使用 U 盾发起一笔转账时，U 盾内的软件
就会使用你的私钥对一些固定文本进行加密。当银行可以使用你的账号
将固定文本的内容解密时，就说明你手上的私钥是和账号是一对儿，于
是允许你转账。

在原来使用对称加密法时，大家的密钥都保存在银行的服务器中，如果有黑客入侵，就会把所有人的密钥都盗走。另外，万一哪个银行职员偷看了客户的密钥，也挺危险。所以，采用非对称加密法后，银行信息的安全性就大大提升了。

区块链的地址就是公钥，电子钱包管理的就是私钥。当我们发起一笔转账时，电子钱包软件就会利用我们的私钥对一段大家都知道的文字（简称明文，例如"你好"）进行加密，这个加密过程被称为"签名"。其他计算机收到我们这笔转账申请时，就会用转账的地址（公钥）来对签名的信息进行解密，如果能解密出原来的明文，则认为这个地址（公钥）和这个私钥是一对儿，于是允许对方从这个地址转移区块链资产。

这是个非常巧妙的方法，在不泄露私钥的前提下，只要证明私钥和公钥是一对儿，就可以确认账户归属。验证的过程也很简单，只需用私钥对明文加密，用公钥进行解密，能解密出明文则证明公钥和私钥是一对儿，解不出则不是。

需要说明的是，地址其实不完全等于公钥，实际上区块链的资产都是存储在这些地址上，通过私钥签名、公钥解密验证的方式才能真正验证区块链资产。

第一个区块链项目是比特币，它是由密码朋克创造的，在比特币之前还有几十个没有成功的区块链项目也和密码朋克相关。区块链的底层就是密码学，所以必须先介绍密码学。你还记得密码朋克是什么时候确立的目标？比特币是什么时间出现的吗？

任潇潇：《密码朋克宣言》是 1993 年发表的，比特币是 2009 年 1 月 4 日上线的，中间差了 16 年啊！密码朋克不是有 1400 多号人嘛，这十几年不可能不干活啊？

树哥：这就像创业，当你发现很好的东西没有出现时，一般有两个原因：①条件还不具备；②你发现的是伪需求。

放在密码朋克这里，其实是第一个原因。为什么这么说呢？因为1993—2008 年，曾经出现过几十种匿名加密货币，不过都没有成功。也就是说，大家对匿名加密货币体系是有需求，不过由于一些条件最终失败了而已。

任潇潇：有几十种匿名加密货币都没有成功？那匿名加密货币体系的成功到底需要什么条件？

树哥：如果想进一个有锁的门，最重要的就是找到这个门上所有的锁，只有找到所有锁才能谈到钥匙的问题。成功的匿名加密货币需要解决哪些问题？从目前的状态看，可能是匿名系统、"双花"问题、对等网络、账本同步问题、拜占庭将军问题。但哪些是真正的锁、哪些不是关键的因素，也很难确定。另外，这只是从比特币身上总结出来的经验，只代表一条道路的成功，并不能代表没有其他的道路。

任潇潇：能不能再以讲故事的方式给我讲讲那些曾经出现过的匿名加密货币？

6 第一个电子货币：E-cash

树哥：第一个匿名加密货币就是 E-cash。

故事的主人公叫大卫·乔姆（David Chaum），他出生在美国，是一名天才数学家，毫无疑问，他也是资深密码朋克。

大卫·乔姆

大卫·乔姆崇尚自由，高度重视个人隐私，和所有的密码朋克一样，他很早就意识到数字化革命之后个人隐私将会在各个方面遭受侵犯。大卫·乔姆一生围绕保护个人隐私而做出了很多贡献。当他深入研究数字化生活之后，便透彻地看到人类所面临的挑战。用他自己的话来讲就是，当人类全面进入数字时代后，数字全景监狱正等着全方位渗透到地球的各个角落。我们今天已经充分感受到了这一点，我们的手机定位软件、移动支付的交易记录以及浏览和搜索记录等，这些信息都毫无保留地被收集，会被人工智能整合起来进行分析，我们的个人隐私将无法保护。

大卫·乔姆喜欢周游世界。20 世纪 80 年代，他游荡到了荷兰的阿姆斯特丹，立刻就喜欢上了这个地方。凭借在密码学领域的精深造诣，他获得了荷兰数学与信息科学中心密码学组负责人的职位。

20 世纪 90 年代初，荷兰的公共工程部想在公路上部署自动支付系统，大卫·乔姆和他的团队接到这个任务后很快就完成了。他们充分意识到，自动支付系统可能是未来发展的方向，应该是潜力无限的。所以大卫·乔姆很快就辞去职务，成立了一家公司（Digicash），专门做这个项目。不过很不幸，他们提供的这个系统在荷兰公共工程部也只是备用系统，没有大规模使用。大卫·乔姆的公司主要靠销售封闭体系内的智能卡来维持。

命运召唤

树哥：经过 1992 年匿名邮件列表中的多次讨论和 1993 年的《密码朋克宣言》，所有的密码朋克都清醒地认识到，开发出一套匿名加密货币系统是所有密码朋克的使命。

大卫·乔姆给自己的公司起名 Digicash（数字现金）就已经说明他想在电子支付领域大显身手，但他当时却做着封闭系统内的智能卡业务，虽然可以挣钱，但离理想很遥远。

大卫·乔姆明显感受到了命运的召唤。作为密码朋克，他知道一套匿名加密货币系统对隐私保护有多么重要；作为一个公司的老板，他更加明白开发一个金融支付系统有多么赚钱。这种名利双收的事情怎么能不让他内心澎湃呢？

研究"双花"问题

树哥：任何一个电子货币系统首先要解决的就是"双花"问题。所谓"双花"，就是一笔货币支付两次。现实生活中不存在这个问题，我给你一美元纸币，这一美元支付权益就转移到你的手中，我不可能再使用它。但在电子货币的使用上，这个问题就会比较复杂。电子货币本质上就是一串数字，我们很容易创造出关于同一笔钱的两笔交易。

例如，我可以创建一笔给你转账 1 美元，再创建一笔给另一个人转账这 1 美元。同样的 0001 号 1 美元在两笔交易中出现，被转给公钥 B 和公钥 C。这两笔交易都会在网络上广播，验证私钥 A 都可以通过。

针对这个问题，大卫·乔姆借鉴了银行系统。

银行系统解决"双花"问题的办法很简单，就是记录每笔钱的一切交易信息，同时记录这笔钱的交易时间。当一笔钱花了两次时，只需要比较每笔交易的发生时间，将先发生的交易认定为合法，并记录到

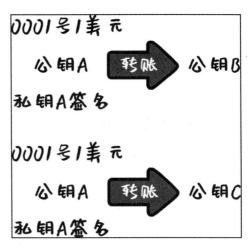

数据库中；后发生的交易认定为非法，并给予撤销。大卫·乔姆就这样成功解决了货币体系的最大难关——"双花"问题。

匿名问题

大卫·乔姆一生都在研究隐私保护的问题，对于匿名问题他早有深入研究。早在 1982 年，他就发表了开创性的研究论文《盲签名》（Blind Signatures）。

什么叫盲签名？盲签名就是签名者签名时并不知道自己签名的信息内容是什么，之后也无法追踪自己签名信息的路径。而信息接收者却能对盲签名的信息进行脱盲，查看到盲签名的内容。例如，签名者在一个信封上签名，而这个信封密封着文件及一个复写纸。这样文件上有了签名者的签名，签名者将来也不能抵赖，但签名者却不知道签名的文件内容。

盲签名有什么意义呢？其实盲签名主要针对的是银行系统，如果银行系统对其发出的电子货币都可以进行追踪和验证，那就没有办法实现匿名性，也体现不出 E-cash 的优越性。采用盲签名就可以让各种货币电子化，货币主权方需要对电子化后的货币进行盲签名，以确

保这些电子化的货币是有效的。因为采用的是盲签名技术，他们也没有办法去追踪电子货币，可以保证使用这些电子货币的人是匿名的，没有泄露隐私。

E-cash 应运而生

大卫·乔姆利用盲签名和银行系统防止"双花"的手段，很快就开发出了 E-cash 系统。

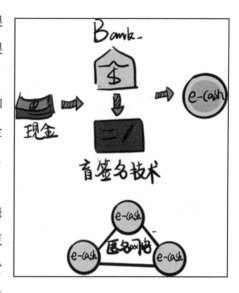

在这个系统中，大卫·乔姆和银行对接，把银行存储的电子现金通过盲签名的方式转换成 E-cash，在匿名网络中流通。

在这个系统中，大卫·乔姆不需要重新发行货币，只是把原来带有序列号的、可以追踪的货币变成不可追踪的 E-cash。在这样的匿名系统中交易或者消费都不会让他人跟踪到具体的用户。

从理论上讲，这事对银行也很有益，如果更多的人期望享受到匿名交易的好处，就会给银行带来源源不断的交易流水。

遭遇危机

带有革命性的保护用户隐私的 E-cash 系统似乎并没有引起银行系统的太大兴趣，毕竟刚开发出来的 E-cash 系统没有什么应用场景，也没有和多少商户签约。就连普通的用户对隐私保护也往往没有那么在意，尽管他们知道自己的私人信息时时被他人监控。如此一来，大卫·乔姆的公司运转立刻出现了问题。还好有人识货，看好 E-cash 的未来，愿意投入大笔资金来帮助这家公司，或者说和 Digicash 共创美好未来。

大卫·乔姆是世界顶尖的密码学家，在密码朋克中享有崇高的地位，不过广为人知的还有他的坏脾气和身为密码朋克对一切保持怀疑的态度。这个性格对他融资和管理公司毫无好处，也让他基本搞砸了一切投资。

亨德森投资管理公司与 Digicash 签署协议，拟逐渐投入 1000 万美元，大卫·乔姆竟然把这个协议传真给与他谈判的其他投资公司，所以这笔投资很快便泡汤了。

ING 投资管理公司拟投资 2000 万荷兰盾，计划用两年时间把 Digicash 公司带入股市，可是大卫·乔姆却不顾全公司的反对拒绝了这笔交易。

其中最有名的当属微软的比尔·盖茨，他想把 E-cash 结合进微软的 Windows95 之中，不过大卫·乔姆却要求每个版本必须付 1~2 美元，否则免谈。

这样的事情发生过很多，例如 Visa 公司想投资 4000 万美元，大卫·乔姆说必须 7500 万美元才行。

终于，无法忍受大卫·乔姆的 Digicash 雇员在 1996 年 3 月发动了"政变"，其中最核心的 11 位员工通过会议的形式对大卫·乔姆施压：要么你走，要么我们走。大卫·乔姆最终妥协，他在这 11 人中任命了两人为临时经理人，自己黯然出局。

破产

大卫·乔姆任命的临时经理人并不合适，公司很快开始动荡，员工们纷纷离职。但作为明星企业还是有不少人青睐，1997 年，Digicash 终于得到了一笔救命钱，联合投资人也重新任命了 CEO。

经过多年的推广，银行系统似乎也开始愿意尝试与Digicash公司合作。最先合作的是美国马克吐温银行，接着越来越多的银行也开始合作，一切似乎向好的方向发展。可惜，最终的事实证明这只是美好的愿望。

新的CEO来自Visa公司，并不懂研发，管理水平似乎也一般。而和银行的合作没有太大的进展，银行并没有从与E-cash的合作中收获什么，当然也没有给Digicash支付多少费用。

渐渐地，连投资人都对Digicash失去了信心，虽然1998年时花旗银行想使用E-cash系统，给他们很多希望，但最终由于花旗银行与其他银行合并，没有成功合作。失去资金支持的Digicash宣布破产倒闭，E-cash这个曾经成功的匿名加密货币系统宣告失败了。

任潇潇：真为他可惜。如果大卫·乔姆成功了，可能就不会出现比特币，不会出现中本聪。看来技术天才并不一定是天才的管理者啊！听了这个故事我总感觉E-cash其实很有可能成功，只不过撑得没有那么久而已。

树哥：技术天才和管理天才合二为一的人本身就是凤毛麟角，而且天才通常会有一些技术怪癖，密码朋克也是其中的典型，他们本身除了密码学不相信任何人，这样的人做管理会出现很多问题，所以有这样的结果其实很正常。不过，即使E-cash活到现在，密码朋克都不认为这是一个他们需要的匿名货币系统！

任潇潇：这不是密码朋克需要的匿名货币系统？这套系统不是既解决了"双花"问题，又能实现匿名性吗？

树哥：E-cash是解决了"双花"问题的匿名系统，不过这样的系统却是一个中心化系统，运营方就是Digicash公司，E-cash运行在Digicash公司的服务器上，这本质上和银行没有任何区别。密码朋克认为，除了那个匿名的盲签名有点意思之外，这个系统最大的价值就是再一次让他们确信：中心化组织是多么不靠谱！密码朋克真正要的是一个没有中心组织的可以解决"双花"问题的匿名系统。

任潇潇：我也听说过"去中心化"这个词，去中心化真有那么重要吗？

树哥：古往今来，古今中外，中心化组织无处不在，大到国家之间有联合国，小到一个家庭会有一家之主。"中心"重要到如果突然没有它我们在短时间内无法适应的地步，"群龙无首"这个词就暗含了一个组织突然失去中心之后的混乱和惶恐。一个中心化的王朝往往会被另一个中心化的王朝取代，很少有没有中心的组织形式存在。

中心也是导致一些问题的根源，中心化机构导致数据泄露的事件比比皆是，如果数据保存在中心化组织中，个人隐私泄露就不可避免，因为所有组织和公司都可以被迫安装后门以便于获取隐私信息。因此，大卫·乔姆的

"去中心化"就代表"群龙无首"

E-cash 可能是一门好的生意，但密码朋克们要的不是生意，他们做的是未来虚拟世界的底层基础——匿名加密货币系统。这应该是个去中心化的系统，密码朋克们也不应该从中谋利。

7 第一个 P2P 网站：Napster

任潇潇：大卫·乔姆本身就是一位资深密码朋克，难道他不知道去中心化的货币系统要比中心化货币系统更好一些吗？为什么他不做一个去中心化的匿名加密货币系统呢？

树哥：首先，不是大卫·乔姆不想开发去中心化的匿名加密货币系统，而是当时密码朋克的认知水平没有到达这个层次。刚开始，他们只是想做一套匿名加密货币体系，并没有意识到中心化是否重要。他们意识到去中心化的重要性还是从 E-cah 的失败经历中总结出来的。

其次，大卫·乔姆是 1993 年开发出 E-cash 系统的，1998 年 E-cash 系统因为公司倒闭而关停，而第一个成功的大规模的去中心化应用是 1999 年才建立的。

任潇潇：那么"去中心化"到底是什么意思？

去中心化

树哥：去中心化只是一种描述网络状态的说法而已。看上去互联网打通了很多信息边界，拉通了很多信息鸿沟，实现了信息方面的平等。但互联网的技术底层却是一个中心化的架构，极不平等。

例如，互联网的底层协议 Http 被称作"超文本链接协议"，它主要的作用就是规定了如何把信息从服务器传输到客户端。

服务器其实就是一个网络的中心点，拥有无上的权利。例如我们都使用微信，在微信网络中谁是至高无上的王？当然是微信服务器。我们只有连接到微信服务器之后才能和别人通信，甚至我们和别人发的微信消息都需要先保存在微信服务器上，然后对方再到微信服务器上下载。

那么，在一个网络中去掉服务器的行为就是网络去中心化。

绝对的权利导致绝对的腐化。因为中心的权利极大，所以腐化的机会也比较多。就算是不腐化，一个中心的成本也会比较高。就以网络服务器为例，因为它是全网的中心，所有的客户端都要连接到这个中心获取服务，那么这个服务器性能必须要高，它连接的带宽一定要足

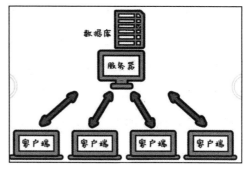

中心化网络

够宽。另外，为了防备别人攻击还需要防火墙等防护措施。当然，也因为有这样的中心，中心出了问题整个网络就瘫痪了，就像软件的服务器出了问题，我们的手机端软件都不能使用一样，其实这样的网络是相当脆弱的。简单概括为三点：①中心化服务器权力过大有风险；②中心化服务器意味着较高的成本；③中心化服务器相当脆弱。

任潇潇：那去中心化实现起来困难吗？

树哥：完全的去中心化比较难实现，就以比特币为例，虽然网络是去中心化了，但现在矿池已经高度集中化，还能不能算是完全的去中心化也是有争议的，但是多中心方向应该是没有什么争议的。就以媒体为例，原来中央电视台是中心，后来地方电视台纷纷崛起，现在自媒体也崛起了，中心越来越多，也越来越散。不过即便是自媒体，也有影响力大一些的小中心、碎片中心存在。

任潇潇：难道去中心化在 1999 年就已经出现了？

树哥：其实"去中心化"这个词是区块链火热之后才被大家屡屡提及的，那时候提得比较多的是"P2P 网络"，也称"点对点网络"或者"对等网络"。P2P 网络的特点就是所有的计算机节点都是平等的，都可

以相互通信。第一个大规模使用 P2P 网络的应用是 Napster。

一对天才

Napster 的创始人叫肖恩·范宁（Shawn Fanning），出生于 1980 年，他的网络昵称就叫 Napster，所以他把自己创立的第一家公司命名为 Napster。Napster 的构想始于肖恩·范宁 18 岁那年，那时他还只是个大学一年级新生，他不太懂编程，但后来通过两年的自学，竟然编写出了一个大型的 Napster 程序，这是世界上第一个利用 P2P 网络来分享歌曲的网站，后来红遍全球。

肖恩·范宁

Napster 的联合创始人叫西恩·帕克（Sean Parker），出生于 1979 年。他俩名字的发音听起来有点像兄弟，年龄差只一岁，都对事业极其热爱。西恩·帕克的经历也非常传奇，他 16 岁时因入侵了一家世界 500 强公司的系统被 FBI 追踪，但他当时的年龄不足以判刑，只是判罚他参加社

西恩·帕克

区劳动。他读高中时便和一个朋友创建了一家公司，每年有 8 万美元的薪水。1999 年肖恩·范宁邀请他创建 Napster 的时候，他义无反顾地从加利福尼亚到旧金山，加入了 Napster。不过，西恩·帕克的传奇在于，他曾经在 3 家这样的开创型公司就业，包括第一家利用 P2P 网络分享歌曲的网站 Napster、第一家在线地址簿分享网站 PLAXO（它可以说是领英的前辈网站）、世界上最大的社交网站 Facebook，也是 Facebook 的第一任总裁。

发现良机

肖恩·范宁当时是美国东北大学一年级学生，Napster 是朋友们对他的昵称。他有一个酷爱音乐的舍友，这个舍友最大的爱好就是收集各种各样的音乐。那时候获取音乐的方式大多还是购买音乐光碟，有些人会把自己购买的光碟转换成 MP3 格式保存在电脑上。

这个舍友获取新的音乐只有两个渠道：一个是购买新的光碟，二是和自己的朋友交换。第一个渠道成本太高，第二个渠道规模有限。大家都是穷学生，很快所有的资源就都共享了。所以舍友总跟肖恩·范宁抱怨说："要是所有的音乐爱好者都可以互相分享音乐文件那该多爽啊！兄弟，你不是会编程嘛，你能不能做一个音乐爱好者互相分享音乐的网站？"

舍友抱怨得多了，肖恩·范宁也在想，既然那么多音乐爱好者想要分享音乐，说明这个需求很旺盛，如果真能做出一个网站让大家来分享音乐，那该是多么酷的事情。

搞定技术

这个事情其实挺有难度。首先，需要建立一个服务器，这个服务器需要有足够大的空间来存储文件，还需要有比较大的带宽，这些都需要不少成本，这对于还是个大一新生的肖恩·范宁来说无法承受。其次，服务器建好之后，还需要音乐爱好者把自己电脑硬盘中的 MP3 音乐文件都上传到这个网站上，这也是一个费时费力的工作，更何况那些音乐爱好者愿意这么做吗？

不过，肖恩·范宁很快就转换了思路。利用 P2P 技术，大家不需要都从服务器上下载文件，而是可以通过网络互相传输文件，这样传输效率会高很多，也不会给服务器带来太大压力。

肖恩·范宁就设计了一套基于 P2P 网络的音乐分享系统。这个系统的构思是这样的：肖恩·范宁建立一个地址存储服务器，可以搜索存储各种音乐文件的地址，音乐爱好者可以根据这些地址列表直接去有这些文件的电脑上找。一

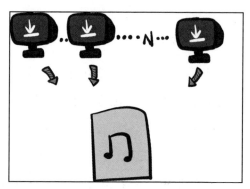

Napster 网络示意图

个音乐文件被下载的次数多，就代表有越多音乐爱好者的电脑上存储了这个音乐文件，那么后来者再下载这个文件时就可以进行多点下载，下载速度会极大提高，服务器反而没有那么大的存储和带宽压力。

成立公司

肖恩·范宁并不太懂编程，不过这对他来讲似乎不是太大的问题。他在大学一、二年级疯狂地学习编程，学习 Unix 的相关知识，并迅速变成一个编程高手，快速上线了一个网站版本。

这个网站试运行的时候就广受学生和网民的好评，因为大家都可以在这个网站上快速找到自己想要的歌曲，而且完全免费。越来越多喜欢音乐的人都向自己的朋友推荐这个网站。

肖恩·范宁考虑成立一家公司来专门运营这个网站，因为这看上去又酷又有前景。他给他的网友西恩·帕克发了消息：兄弟，我用最新的 P2P 技术搭建在线音乐分享网站 Napster，我想成立一家公司运营这个网站，你能过来帮助我一起做吗？

西恩·帕克是弗吉尼亚州很有名气的黑客。他比肖恩·范宁大 1 岁，3 年前他们在一个论坛讨论技术时相识，Napster 网站的事情西恩·帕克也帮了很大忙，提了很多建议。虽然他们从没有见过面，但

却像认识几十年的朋友一样。接到肖恩·范宁的邀请，西恩·帕克二话不说就从弗吉尼亚州的家中只身一人到加州旧金山，和肖恩·范宁一起创办 Napster 公司。这是 1999 年 6 月，肖恩·范宁 18 岁，西恩·帕克 19 岁。

虎口夺食

Napster 是技术改变效率的一个典型案例，也是第一个大规模采用 P2P 网络高效、免费分享音乐文件的网站，最重要的是 Napster 还不用大量投入服务器的资源。这在中心化服务器的模式下无法想象。所以，Napster 网站在试用行的时候就快速积累了十几万用户。公司成立不久，用户数量就飙升到千万以上，最高峰的时候，Napster 的注册用户达到了 8000 万，这样的增长速度极其罕见。肖恩·范宁一时成了媒体眼中商业奇才，出现在各种商业杂志的封面。而 Napster 使用的 P2P 网络也第一次大规模走进人们的视线。

当无数人蜂拥到 Napster 上免费分享音乐文件时，商业唱片公司损失惨重，而且照着这个趋势发展下去的话，很多音乐公司都将被两个年轻人开的小公司击垮。在 Napster 的影响下，越来越多类似的网络分享网站出现了，音乐公司的 CD 唱片销售受到巨大影响。世界三大唱片

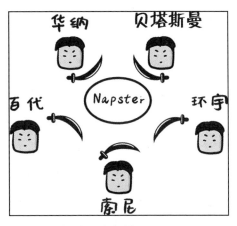

五大巨头围剿 Napster

公司——英国的 EMI（百代）、德国的 BMG（贝塔斯曼）、美国的 AOL（时代华纳）也推出了自己的线上音乐平台，但根本无法与这个年轻公司 Napster 竞争。

就在 1999 年 12 月，华纳、贝塔斯曼、百代、索尼、环宇五大唱片公司联合起诉 Napster，认为 Napster 网站侵权上百万首歌曲，每首歌曲都要索赔 10 万美元。对于初创的 Napster 公司来说，这场官司宛如泰山压顶，让所有人喘不过气来。

悲情英雄

Napster 公司虽然没有直接侵权，但却为广大网民提供了侵权的音乐文件，这场官司也引起了广泛的关注。最终，2001 年 2 月 12 日，法院认定 Napster 公司侵权。Napster 公司虽然没有被要求巨额赔付，却被要求改善网站架构和服务流程，删除侵权的歌曲。这样一来，Napster 公司立刻元气大伤，对用户的吸引力也在逐渐下降。

为了改变局面，肖恩·范宁无力在巨鳄环视下发展业务，便邀请了音乐行业的人才做 CEO，以便于和音乐巨鳄们谈判，而自己退居 CTO 的位置。但由于没有大量的免费音乐分享，用户数量锐减，最终 Napster 公司在 2002 年 6 月宣告破产。虽然 Napster 破产了，可它却影响了无数用户的网络分享热情，也为 P2P 网络技术的发展探索了方向。

至此，Napster 与肖恩·范宁和西恩·帕克再无关系。

之后的 Napster 可谓颠沛流离。2002 年 9 月，Napster 被破产拍卖，Roxio（速民）得到了它。2004 年 8 月，Roxio 把自己的品牌和软件卖给了索尼，而自己改名为 Napster 。2008 年 9 月，新的 Napster 被百买思收购，并于 2009 年 5 月在美国重启 Napster 音乐下载业务。

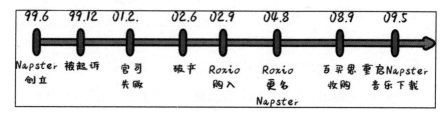

Napster 的历程

Napster 的两位创始人在离开 Napster 之后境遇也很波折。

肖恩·范宁又创立了 3 家公司：Snocap，Rupture，Path。

相比之下，西恩·帕克显得更悲情一些。西恩·帕克离开 Napster 后又创立了在线通信录公司 Plaxo。这算是领英的一个前辈公司，比较有前景，不过由于和投资人意见不合，所以西恩·帕克黯然离开。之后西恩·帕克同扎克伯格创立了 Facebook，并成为 Facebook 的第一任总裁。但在 2005 年，西恩·帕克又一次被 Facebook 扫地出门，不过保留了他的股份，他依然拥有着亿万财富。

西恩·帕克说："我至少帮助人们改变世界三次，可是我似乎永远是一个局外人的角色。"

需要说明的是，Napster 采用的去中心化技术还没有完全去中心化，MP3 音乐文件是去中心化存储了，但控制还没有去中心化，还有一个存储音乐文件地址的服务器。密码朋克追求的去中心化是完全的去中心化，没有任何中心，既没有文件存储中心，也没有控制中心。其实后来的一些 P2P 下载软件，例如电驴下载、BT 下载等都只是文件存储去中心化，保留了一个控制中心。这样一来，控制中心出了问题也会引起全网的问题。

任潇潇：如果采用完全去中心化的 P2P 网络，因为没有中心服务器，就解决了这个问题。比特币就是完全去中心化的吧？没有控制中心，没有文件存储中心，任何人都不能把这个网络关停。创始人中本聪又一直在隐身，没有人可以找到他。

树哥：世界上第一个完全去中心化的网络就是比特币网络了，所以即使是中本聪也没有办法再控制它。

8　去中心化账本 B-money

任潇潇：Napster 的故事和区块链有什么关系吗？

树哥：主要关系有两点。第一点：区块链底层用到的 P2P 网络技术源于 Napster。正是因为 Napster 的成功，才让 P2P 网络技术走到所有密码朋克的心中，也才导致 P2P 网络成为匿名加密货币的底层。

第二点：我们后面会介绍到区块链 3.0 的应用分布式存储技术 IPFS，它就是在 Napster 的基础上发展起来的。Napster 之后采用类似技术的软件你可能都听说

Napster 对区块链的作用

过，例如 BT 下载、电驴等。但基本上都是存储分散化、控制中心化。但是到了区块链阶段，当然也包含区块链 3.0 的 IPFS，就实现了控制和存储全部去中心化。

任潇潇：区块链的底层技术到底有哪些？

树哥：我把这个过程再给你捋一遍：进入现代加密学—密码朋克出现—建立一个匿名加密货币系统—各种货币系统出现但失败了—比特币匿名加密货币系统出现—匿名加密货币使用的技

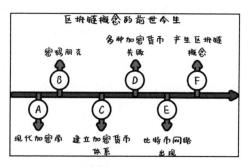

区块链概念的前世今生

术总和（区块链概念）。

匿名加密货币系统主要使用了三大底层技术：①非对称加密技术；② P2P 网络技术；③分布式数据库技术。所以，凡是综合使用这三种技术搭建的网络都可以称作区块链网络。前面两种技术我们已经讲过了，接下来重点关注分布式数据库。

去中心化之前，有一个作为中心的服务器，所有数据都直接保存在服务器中，其他所有节点都是客户端，

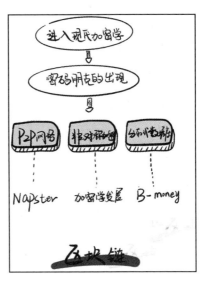

区块链三大技术的前世今生

不需要考虑数据存储的问题。但去中心化之后，没有了中心化服务器，就会出现一系列问题：谁来记录数据、谁来保存数据、如何同步数据？这就要听一听 B-money 的故事了。

B-money 的故事

这次故事的主人公叫戴伟（Wei Dai），他是一个华裔，作为一个资深的密码朋克，他也非常重视隐私。目前只知道他毕业于美国华盛顿大学，计算机专业，辅修

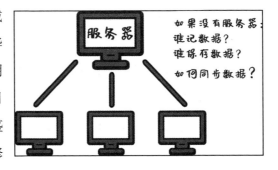

数学，参加过微软的加密小组研究，有着较深的密码学功底。在密码学中有一个非常知名的库——Crypto++ 库，可以提供丰富的加密解密算法，密码学的一般功能都可以在它上面找到，很受密码朋克的喜欢。而这个库的作者就是戴伟，直到现在他还在维护着这个库。

戴伟上大学时，就对密码朋克的创始人之一、Znter 首席工程师、提出无政府主义的蒂莫西·梅（Timothy C. May）非常感兴趣，对密码朋克提出的用加密学进行隐私保护持坚定的支持态度。所以，戴伟自然就成了密码朋克的一分子，得益于在密码学方面的精深造诣，他还成为密码朋克的中间骨干力量。

建立一个匿名货币系统是所有密码朋友的目标与梦想，戴伟自然也不例外。E-cash 的失败让所有密码朋克更加坚定地认知到，必须建立一个完全去中心化的匿名货币系统。1998 年 11 月，戴伟提出了一种全新的建立匿名货币系统的思路，他给自己构想的这套货币系统起名为 B-money。

全员记账方案

在完全去中心化的匿名货币系统中，如果没有了记账的中心服务器，那么记账的事谁来做呢？记账的数据谁来保存呢？

戴伟首先想到的解决方案是，所有人同时记账，所有人都保留一份记账数据的账本。例如，如果 A 向 B 支付了 3 个 B-money，那么 A 和 B 就把这笔交易向全网广播，所有收到这笔交易的节点都进行记账和保留账本。

但很快就有人提出了问题：如果 A 只有 3 个 B-money，但他想作弊，先后给 B 和 C 都支付了 3 个 B-money，都同时向外广播。那么就会有这样的可能性：有一半的节点收到的是 A 向 B 支付了 3 个 B-money，而另一半的节点收到的是 A 向 C 支付了 3 个 B-money。这就会导致两个问题：①"双花"问题，3 个 B-money 花销了两次；②数据同步问题，两种数据节点的记账数据不同，到底以谁为主？

戴伟也提出了这个问题的解决方案：如果整个网络的同步时间非常短，并且每笔交易可以快速广播到全网，这样大多数节点会及时收到 A

给 B 支付 3 个 B-money，就会只记录 A 给 B 的支付记录。

不过这个解释听起来很不可靠，怎么能依赖一个完全好的网络质量来确保账本没有问题呢？万一质量有波动怎么办？因为 P2P 网络代表着任何节点都可以随时加入网络，也可以随时退出网络，网络状态也不确定，在这种情况下期待依赖完好的网络质量来避免问题，这无异于痴人说梦。另外，这套方案还需要有防止干扰的网络通道，当时也不具备这样的技术条件。所以，不久以后戴伟就主动放弃了这套方案，而提出了新的方案。

临时服务器记账方案

这个服务器记账方案并不是中心化网络中的那个服务器记账方案，而是网络上任何一台计算机都可以充当服务器，都可以记账。这样就把全员记账变成了多个服务器记账，多个服务器保存账本副本。这样一来，A 给 B 发送 B-money 的时候，会在网络上随机选择一些拥有全账本的服务器进行验证，并广播出来让所有服务器保存完整的记账账本。这是一个重要的思路变化。戴伟的第一套方案提出的是全员记账，全员保存账本副本；第二次方案的本质是多个服务器记账，多个服务器保存账本副本。

第一套方案有比较大的问题，全员记账就意味如果大家记的数据不同的话，将会给账本的校验带来巨大麻烦，做到所有人保存同一份账本难度太大，无法在系统上很好地实现。

第二套方案就是在一定时间内，由部分服务器进行记账，然后把账本广播出去，所有的服务器都保留账本的副本。这就把一个复杂问题分成了两个简单问题：①部分服务器记账；②所有服务器保存账本副本。这两个简单的问题都有现成解决方案，都比较容易实现。

事实上，目前所有的区块链方案都是从第二套方案进化而来的：采

用临时服务器记账，然后再把
数据块（区块）广播到全网，
其他服务器保留备份。

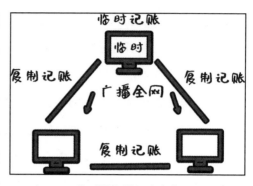

临时服务器记账方案

那么如何选择这些临时
的服务器呢？戴伟在论文里
没有提到。他只提到了这些
临时服务器可以抵押一部分
B-money，如果它们作恶乱记
账的话，就会扣除它们的 B-money。而且戴伟也提到，为了防止服务器
乱生成 B-money，它们还必须定期公布账本以进行核查。

货币稳定性

基本解决了账本同步的大问题之后，戴伟立刻就被另一个巨大的
问题所困扰。因为他开发的是一套去中心化的匿名货币系统，既然是
货币，那就是一般等价物，需要保持一定的稳定性，不能今天 10 个
B-money 就能买一袋大米，明天 100 个 B-money 才能买一袋大米。

这个问题实在太难解决了，因为 B-money 是一套纯粹的线上系统，
没有与现实世界对接的窗口，无法进行价值的衡量。

戴伟提出了两个不太可靠的解决方案：第一个，为了保障今天
B-money 的价值长期不变，就需要保障现在的 B-money 能购买的货物
到未来还能购买相同的货币。所以，如果想要拥有 B-money，就需要首
先提供证明自己花费了相应价值（例如进行了大量的计算，耗费了成本
等）。第二个方案，拍卖 B-money，大家来拟定需要产生多少 B-money，
然后再根据大家的计算量进行分配。

产品的价格是随着需求而不断变动的，想要长期保持匿名货币相同
的购买力是不可能的，就连实体货币体系都没有办法做到，所以目标制

订就有偏差。而解决方案中，想要全网都对花费了相应价值达成共识是不可能的，因为对于设备购买成本，大家核算的方式都不透明。

纸面方案

最终，戴伟困在货币稳定性上动弹不得，因为他设立的维护货币稳定性的目标没有办法达到，当然也就找不到相应的解决方案。最终他的构想也只是构想，成型的只是一篇短短的论文。但后来他在谈到为什么不再对 B-money 进一步优化时解释道："后来我对无政府主义失去了信心，就没有在这个系统上花更多的时间去思考与优化。"

任潇潇：戴伟提出 B-money 是 1998 年，比中本聪提出比特币整整早十年啊。可惜他困在研究 B-money 的价值稳定这方面，而中本聪就根本就没有考虑比特币价值的稳定性，所以比特币的价格就像猴子一样上蹿下跳。比特币的账本同步方案和 B-money 的非常像，是不是借鉴了 B-money 的思路？

树哥：不确定。因为作为一个去中心化的匿名系统，交易记账是最核心的一块。让多个节点都保存账本副本是共识，让个别节点记账然后再同步给大家也是一个正常的思路。

中本聪写完比特币白皮书《比特币———一种点对点的现金系统》之后，发给了亚当·巴克（Adam Back），就是发明用哈希现金增加工作量来解决垃圾邮件的那位资深密码朋克。他提醒过中本聪，说戴伟在 1998 年写过一篇名为 B-money 的论文，让中本聪最好引用一下。所以中本聪就和戴伟通过几封邮件。

第一封是中本聪发给戴伟的。简单介绍了一下比特币，同时告诉戴伟，中本聪引用了戴伟 B-money 的部分概念，并做了一定拓展。

第二封是戴伟发给中本聪的。告诉中本聪他的 B-money 在密码朋克中的位置和其中一些讨论。

第三封是中本聪发给戴伟的。他告诉戴伟，比特币 0.1 版本上线了，B-money 想解决的问题在比特币中都解决了。哈尔·芬尼提出一个比较好的概括，实现了全局一致但是又分散存储的数据库。

中本聪和戴伟往来的邮件

9 比特金的故事

任潇潇：既然匿名加密货币系统的三大底层技术都出现了，是不是比特币就可以出现了？

树哥：比特币除了应用这三种基础技术外，还有一些独特的地方。比较知名的是工作量证明机制。简单来说，在比特币体系中，工作量证明是用来解决谁来记账的问题的。

具体来讲，分布式记账就是在一个时间段内选择一台电脑作为服务器，负责记账，然后把账本广播给大家保存起来。在比特币网络中，为了鼓励大家记账，会给每次充当记账服务器的电脑一定的奖励。所以大家都想得到奖励，就开始比拼谁做的工作多（计算量大），谁做的工作多就轮到谁记账。因为无论谁想得到记账权，都需要提供一个自己工作量最多的证明，这样的机制就被称为工作量证明机制。

工作量证明是一种共识机制，也可以理解为大家都要遵守的规则。在区块链网络中，共识机制指的是记账权归谁的机制。不同的区块链可能采用不同的记账权归属规则。

例如，工作量证明的共识机制是指大家遵守谁工作量最大，谁来记账的规则；权益证明的共识机制是指谁拥有的资产多，谁来记账的规则。委托权益证明的共识机制是指谁得到的票数多，谁来记账的规则。

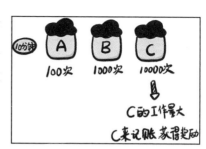

工作量证明机制

工作量证明机制到底是怎么回事？

那就要听一个比 B-money 更像比特币的匿名加密货币——比特金的故事。

发明比特金的人是在密码朋克中也有着赫赫威名的尼克·萨博，尼克·萨博的专业是计算机。他觉得整个社会的底层架构有两种：一种是货币体系，另一

种就是合同。而合同涉及很多法律方面的问题，所以尼克·萨博又专门去攻读法学博士学位。尼克·萨博在三个方面有着巨大的贡献：①提出了智能合约的概念；②发明了比特金；③参与了 E-cash 的创建。

比特金可以说是比特币的基础，比特币采用的很多思路和比特金相同，这也是很多人说中本聪就是尼克·萨博的原因。智能合约就是将法律上的一些合约通过计算机执行，尼克·萨博很早就提出了这个设想，不过真正将这个设想付诸实践的还是 Vitalik Buterin 发明的以太坊。

尼克·萨博是一个法学家、密码学家，同时他又对金融、社会、政治等多个方面有着浓厚的兴趣。作为一个资深的密码朋克，尼克·萨博对隐私保护也有执着的追求。当时有人建议往手机或者电脑终端安装一种监听芯片（Clipper Chip），以便于美国国家安全局监控犯罪行为，尼克·萨博对此坚决反对，并在密码朋克的匿名邮件列表中号召大家起来反抗，在大街上散发传单，最终带动所有的生产商和消费者反对，这件事情才没有做下去。

密码朋克对建立一个安全、匿名的虚拟网络世界抱有坚定的信念，大家都意识到一个匿名加密货币系统是这个虚拟世界的底层基础。所以，建立这样一个匿名加密货币体系几乎是绝大多数密码朋克的共同愿望。而在真正把这个愿望付诸实践的那一小部分密码朋克中，尼克·萨博是佼佼者，他也对加密货币体系有着极其深刻的认知。

尼克·萨博在 Digicash 公司的工作经历

对加密货币体系有着深刻认知与尼克·萨博在 Digicash 公司的工作经历分不开，Digicash 是大卫·乔姆创立的公司，发行了全世界第一个匿名加密货币 E-cash。尼克·萨博作为 Digicash 公司的一员，参与了 E-cash 的创建，见证了 E-cash 由创建到失败的全过程。这段工作经历让尼克·萨博更加深刻地认识到中心化系统的货币体系根本不是密码朋克所追求的系统。所有的中心化系统都由一个可信的第三方来保障，而这个可信的第三方其实往往并不可信。而且还存在一个问题：货币只有保障稀缺性才能具备相应的价值，而当前货币体系中的货币是由第三方权威机构（如一国政府）来保障稀缺性的，而保障这种稀缺性需要巨大成本，所有传统货币体系其实都有着高昂的成本。

所以，要做一个匿名加密货币系统，就必须考虑稀缺性问题。

稀缺的数字黄金

尼克·萨博仔细研究了货币体系，发现大多数货币都依赖可信的第三方保障其稀缺性，但是黄金不需要。黄金这种贵金属产量稀少，生产成本还特别高，不需要可信的第三方就能保障稀缺性。但黄金携带不便、转移不便、分割不便，作为支付手段还是有很多问题。尼克·萨博就在想，黄金具备稀缺、生产成本高的特点，而电子化的货币又具备携带方便、转移方便、分割方便的特点，那么把这两种特点结合起来的货币就是符合自己需求的匿名加密货币。于是，他就给自己设计的这个匿名加密货币体系起了一个名字——比特金（Bitcoin Gold）。

提高生产的成本

黄金的稀缺性导致它不仅产量稀少，而且在挖掘采集过程中还需要付出大量的成本。所以，尼克·萨博就在思考如何提高比特金的生产成本。在反复思量之后，他找到了一个方案：用哈希现金来提升生产比特金的难度。

哈希现金是亚当·巴克博士于 1997 年在密码朋克的匿名邮件列表中提出的论文标题。当时，哈希现金主要被用来解决垃圾邮件的问题。因为随着电子邮件使用越来越广泛，越来越多的垃圾邮件也出现了，于是亚当·巴克提出通过哈希现金来解决垃圾邮件的问题。

解决垃圾邮件的思路很简单，就是要求用户每次发送邮件之前做一些哈希运算，这些哈希运算需要一定的时间。当用户只发送一封邮件的时候，感觉不到哈希运算所花费的时间。而用户一次发送成千上万封垃圾邮件的时候，

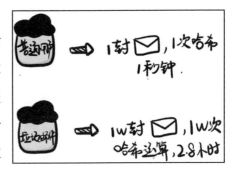

哈希现金解决垃圾邮件

哈希运算所需要的累计时间就很长，长到垃圾邮件发送者不可忍受。假设做一次哈希运算需要 1 秒钟，那么做 1 万次哈希运算就需要 2.8 个小时了。

寻找一个满足条件的随机数

哈希运算是一种不可逆函数，可以把一段信息运算出固定长度的哈希值，也就是我们之前提到过的数字指纹。而哈希现金就是通过寻找一个随机数的方式，让用户进行大量的计算，具体如下。

这个随机数和给定的一些参数进行哈希运算，得出的数字指纹必须满足前 20 位都是 0。而找到这个随机数的方式只有

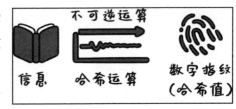

一种，就是不断尝试，直到算出来的数字指纹满足条件。

找到这个随机数的难度很大，因为可能需要经过成千上万次尝试，但验证的时候就很方便，只需要一次验证就可以实现。就像在沙滩上寻找一颗金沙一样，寻找它需要将沙子一粒一粒进行比对，但验证它却非常容易。

找到随机数就代表进行了大量的哈希运算，也就是计算机完成了大量的工作，这个过程就可以称为"工作量证明"。谁先找到随机数，就意味着谁做的工作最多。

为了找到这个随机数，参与者付出了宝贵的计算机资源。谁先找到这个宝贵的随机数，谁就可以宣称拥有这个随机数，这个随机数就是比特金，它可以和找到这个随机数的参与者的公钥关联起来，进而拥有这个比特金。尼克·萨博采用数字所有权注册的方式来确定比特金的归属，所以还有一个"数字所有权服务器组"来维护着这些比特金的公钥，这些公钥对应的用户可以使用他们的私钥签名来转移他们获得的比特金。

如果稍微了解比特币的话，你就会发现中本聪在比特币的体系中也使用了工作量证明机制，只不过在比特币系统中，找到随机数的人可以成为记账者，进而获得奖励，而不是直接获得这串随机数本身。

不断延伸的哈希链

当一个随机数产生之后，这个随机数就会变成下一个随机数生成的基础。这样，前一个随机数是后一个随机数的基础，一个接一个的随机数就被计算出来。于是，一条不断延伸的哈希链就产生了。

最先产生的随机数就像一个飞虫一样，后面的数据就像一层一层薄薄的琥珀，每一层都代表着进行了大量哈希计算，最终随着哈希链越来越长，这个琥珀也就越来越厚，越是里层的数据就越安全。

其实比特币也完全采取了这样的模式。当每个随机数确定之后，就会确定这个区块的数字指纹，而这个区块的数字

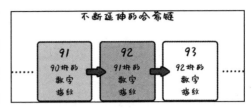

指纹需要写在下一个区块的区块头之中，又会成为下一个区块计算随机数的基础。就这样，比特币的区块一个一个产生出来，比特币区块链也逐渐延伸下去。

网络安全问题

所有的 P2P 网络都不得不面对网络安全问题，这个问题一般被称作"拜占庭将军问题"。也就是说，网络中可能存在欺诈节点和诚实节点，一个网络在正常工作中可以忍耐的欺诈节点越多，说明这个网络的安全机制越好。

尼克·萨博在思考这个问题的时候借鉴了飞机厂家的一些做法。在飞机系统中，有时候为了防范电脑死机带来的风险，会在飞机的不同部件中提前埋设一些芯片，当电脑失效后就用这些芯片传递信息，决定下一步的动作，如果它们之间的决策产生冲突，就开始投票。越多的芯片投票到同一行动时，就采取这样的行动。这就是解决拜占庭将军问题的方案。

尼克·萨博就采用了类似的方案，通过每个电脑一票的方式来解决这个网络上的拜占庭将军问题。不过，这样的算法还是有一定的问题，因为 P2P 网络是去中心化网络，任何人都可以随意加入或者离开，所以就可能会有假冒的 IP 地址出现，即某台电脑可以假冒很多电脑来增加自己的投票。

稀缺性减弱的问题

尼克·萨博很快也遇到了和戴伟类似的问题。戴伟的问题在于如何稳定加密货币的价值，而尼克·萨博追求的是保持比特金的稀缺性。

由于计算机技术发展越来越快，哈希运算的速度也越来越快，原来 10 秒的计算量，以后可能只需 0.001 秒就可以计算出来。这就意味着生产比特金的成本在急剧降低，也代表着比特金的稀缺性在减弱。

尼克·萨博提出了一个解决方案，就是认可不同时间段的比特金的价值不同。例如，1999 年生成的比特金的价值要远远大于 2009 年生成的比特金，因为 1999 年比特金的生产成本更高一些。这就需要在系统中架设若干个时间戳服务器，每一个比特金产生的时候都会带有时间戳，设立多个时间戳服务器是为了保证安全性。这样比特金的价值就由"比特金 + 时间戳"共同来决定。

如此一来，一个新的问题又出现了：每个比特币的产生时间都不同，因而它们的价值都有差别，就不能对等互

比特金的价值

换，在日常的支付之中就会异常麻烦。例如一个便利店的店员还需要核实某个比特金的时间戳来确定它的价值，这不可能应用在现实生活中。

尼克·萨博对这个新的问题又提出了更加复杂而没有办法落实的方案。但他早在 1998 年就提出了自己的方案，直到 2005 年才开始给别人讲解自己的方案，2008 年，也就是提出比特金的十年后，才在论坛上询问是否有人愿意帮助他编程实现方案。2008 年 12 月，中本聪发表了比特币白皮书。

任潇潇：比特金和比特币好像啊！无论是哈希链还是工作量证明。

树哥：中本聪应该从 B-money 和比特金上获得了很多灵感，实际

上这两者的创始人也是中本聪的好朋友，他们经常讨论一些技术问题。比特币的技术并不复杂，但是它像一个拼图一样，需要不同的部件才能拼完全，成为一个真正可用的系统。中本聪就是拼图的人，而这个拼图的部件就是这些已有加密货币提供的技术基础或者思路。

10 比特币白皮书

任潇潇：我初步理解了比特币使用的技术，但还不成体系。能不能帮我理一下？

树哥：要理解比特币的体系，最好的方法就是读一读比特币白皮书。不过因为这是一篇论文，所以读起来有点晦涩难懂。我把论文的核心串讲一下就更容易理解了。

中本聪的论文标题是《比特币——一种点对点的现金系统》，比特币就是这套系统的名字。

当我们谈到比特币的时候有可能是指比特币网络。但很多人是通过在交易所购买的那个加密货币了解比特币的，他们一般提到比特币往往是指作物加密货币的比特币，而不是比特币网络系统。

这个问题在欧美国家是通过首字母大小写解决的，bitcoin 是指比特币，而 Bitcoin 则是指比特币网络。

比特币网络就是运行着比特币软件的计算机网络，这个比特币网络也就是用来生成比特币和管理比特币的。说得更加具体一点，中本聪在比特币软件上设定了什么功能，比特币网络上才会有什么功能。本质上来看，比特币网络的两个最核心的功能就是比特币的发行和比特币的转移。

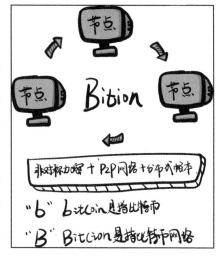

比特币网络和比特币

比特币的发行方式

任潇潇：我也看过一些介绍比特币的文章，都说比特币总共只有 2100 万枚，生成量 4 年就会减半一次，这些也是比特币软件中设置的功能吗？

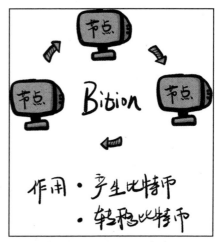

比特币网络的核心功能

树哥：是的，所有的功能都在比特币软件中用代码呈现。你说的 2100 万枚、4 年减半，其实是指比特币的发行方式，也就是比特币是如何产生的。

比特币软件中的参数决定了比特币的总量和发行方式。比特币软件中写了比特币的总量是 2100 万枚，但这 2100 万枚并不是一开始就产生了的，而是每 10 分钟左右会产生 50 枚，每过 4 年左右的时间会就减少一半，也就是每 10 分钟产生 25 枚。右面的这张图展示了比特币的减半周期表，你可以看

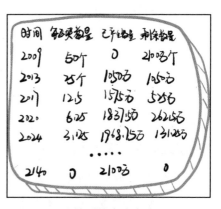

比特币的产生方式

出到现在为止，已经产生了 1800 多万枚比特币，剩余的 300 多万枚将在未来的 120 年之内产生完毕。

任潇潇：既然比特币的总量和发行方式都由计算机的软件来决定，那么发行比特币的中本聪能不能更改比特币软件，把总额从 2100 万枚更改成 1 个亿？能不能把计算机的时间改了，让每 8 年再减少一半呢？

树哥：比特币软件虽然可以更改，但是当有成千上万台电脑都运行

这个软件的时候，单个人去更改软件已经毫无意义了，因为你可以更改自己电脑上的软件，但改不了其他人电脑上的软件。这样就可以实现比特币网络软件不能篡改的功能。

另外，比特币总共发行 2100 万枚，每 10 分钟左右发行一次，每次 50 个比特币，每过 4 年左右减少一半。但是"10 分钟发行一次比特币"并不精确。因为比特币网络不是直接每过 10 分钟发行一次比特币。而是每 10 分钟左右会产生一个区块，伴随这个区块会产生 50 个比特币。

什么是区块呢？其实就是数据块。

我们之前讲过的 B-money，整个网络都是没有服务器的网络节点，所有的网络节点都需要保存一模一样的数据。

那如何实现呢？就是在一段时间内（比特币网络是 10 分钟）选择一台普通的节点充当服务器进行记账，它记完账后会把这段时间发生的账单打包成一个数据块在全网进行广播，其他普通节点接到后会把这个

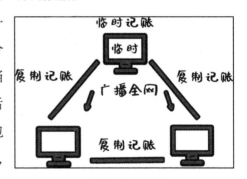

数据的同步过程

数据块保存起来。这个数据块就是区块。在每个区块中都会产生 50 个比特币（刚开始 4 年为 50 个，之后每 4 年减半），而这 50 个比特币会奖励给记账的这个计算机节点。这样，这些新产生的比特币就发行出来了，同时它们被直接奖励给了矿工（记账的计算机），相当于直接进入了流通领域。

以上内容可以重新调整如下：①比特币网络伴随每个区块的形成会产生 50 枚比特币，产生的比特币会直接奖励给当前区块的生产者，也就是矿工。②每过 2016 个区块（14 天左右）调整一次难度，基本确保每 10 分钟能产生一个区块。③每过 21 万个区块（4 年左右），伴随区

块的形成而产生的比特币会减少一半。④每一个比特币还可以切分到小数点后 8 位。

比特币的转移

任潇潇：比特币白皮书的后半部分是"一种点对点的电子现金系统"，为什么要强调"点对点"呢？

树哥：这个"点对点"就体现了和原来所有系统的不同。例如我用微信给你发信息，要先发给服务器，再由服务器转交给你。不光微信服务是这样的，银行转账、支付宝等都是这样。换句话来说，也就是用户之间无法直接对接，而必须通过服务器进行转接。

点对点也就是用户对用户，不需要服务器。服务器是什么？服务器就是事实上的中心。当用户之间可以点对点地发送消息或者产生联系时，就不需要服务器这个中心了，这就是所谓的去中心化。

点对点网络就是密码朋克一直追寻的去中心化网络。Napster 就是第一个去中心化的网络。这样的网络非常安全，不容易被杀死。这种点对点的 P2P 网络用在加密货币体系中还有别的特色，中本聪在白皮书中也有比较好的论述。

他提到，原来中心化的金融机构有两个核心的问题无法解决：①实现不了不可逆的交易。简单来说就是，银行可以撤销任何一笔交易，这样这些交易都是可逆的，也就是说存在着欺诈的可能性。②无法实现小额低成本转账。因为银行是中心化机构，维系这样的机构需要较高的成本。转 100 万元花 1000 元的转账费用户可以

点对点金融系统的优点

接受，但如果转 1 分钱还要花 1 元的转账费，用户可能就不愿意接受了。所以受限于银行的基本费用，它们不能实现太低成本的转账。

比特币系统是如何实现不可逆交易的呢？说到这里就不得不提到中本聪的独特发明：Unspent Trasaction Ouput（UTXO），即未花费的交易输出。未花费的交易输出字面意思就是你还有多少钱没有花出去。比如我们用的纸币，假设你只有 10 元钱时，你现在就只有一个交易输出是 10 元；如果你去买了一瓶 3 元钱的水，对方给你找了 2 个 1 元纸币，1 个 5 元纸币。那么这时候你就有 3 个 UTXO，2 个 1 元，1 个 5 元。如果再去买一个 3 元的东西，你会怎么做？

任潇潇：当然是拿 5 元钱买东西，卖东西的人再找我 1 个 2 元。这时候我就有 2 个 1 元和 1 个 2 元的 UTXO 了。不过我还是不理解怎么能实现不可逆的交易？

树哥：纸币交易有一个特别重要的优点是，当纸币转移之后，其价值也就立刻转移了。你把 10 元钱给别人的时候，你就不能再花这 10 元钱了，也就是不能花两次，不存在"双花"问题。我们再看一张纸币的流转过程，假设分配给 A 一个 10 元的纸币，A 就有一个未花费的交易输出 10 元，A 去 B 的超市买东西花了 5 元，也就是 A 把这个 10 元的纸币给了 B，B 给 A 一个 5 元的纸币。这时候这个 10 元的纸币就到了 B 的手中，当然 B 可能会给 C，C 可能会给 D。这个 10 元的纸币就会在不同的人手中流通，既不会减少，也不会增加。

由于这个纸币的价值已经转移到下一个人的手中，所以是完全不可逆的交易。即使下一个人又把钱给回前一个人手中，也相当于又发生了一笔新的交易，旧的交易已经发生并且全网运行相同软件的计算机都已经记录了，没有办法更改了。而在中心化金融机构中，由于没有发生实际的价值转移，只是通过银行的数据库记账，所以机构可以轻易撤销交易，甚至更改交易。

比特币的 UTXO 思路和纸币是一样的，但它毕竟是电子货币，在一些细节上有区别，主要是在找零机制上。例如你有一笔 5 个比特币，你现在就有一个 5 个比特币的 UTXO，如果你需要给别人转移 2 个，你就可以发起一笔交易，输入为这个 5 个比特币的 UTXO，输出则是两笔，一笔是给对方 2 个比特币，另外一笔则是转给自己的 3 个比特币，相当于找零钱。这时候你就拥有了一个 3 个比特币的 UTXO，对方则拥有一个 2 个比特币的 UTXO。

假如你又得到 4 个比特币的 UTXO，你就拥有两个 UTXO，一个是 3 个比特币，一个是 4 个比特币。当你需要给别人支付 5 个比特币的时候，你就需要再发起一笔交易，交易的输入是 3 个比特币的 UTXO 和 4 个比特币的 UTXO。交易输出也分为两笔，一笔给对方 5 个比特币，另外一笔是给自己 2 个比特币。这之后你就拥有了一个 2 个比特币的 UTXO 了。

任潇潇：我原来转过比特币，我记得只需要填入对方地址和金额就可以了，好像没有输入、输出 UTXO，也没有找零之类的事情啊。

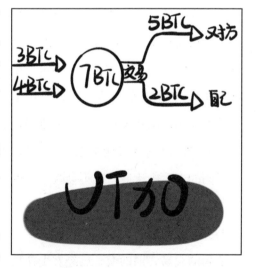

树哥：这是比特币系统的内部原理。当用户发起交易时，只需要设置输入 UTXO，输出的这些工作其实都是钱包后台操作的。例如你要给我转移 5 个比特币，你就会在钱包中填写我的地址，然后再填写 5 个比特币。钱包就会在你的地址里去寻找所有未花费的交易输出，假设有 3 笔，则 UTXO1 是 2 个比特币，UTXO2 是 1 个比特币，UTXO3 是 4 个比特币。

钱包首先会确认你现在总共有 7 个比特币，足够发起这笔转账；然后它就会帮你发起交易，输入是 UTXO2 的一个比特币和 UTXO3 的 4 个比特币，输出只是一笔，转移到我的地址。

解读比特币白皮书

任潇潇：比特币白皮书写的就是比特币发行和转移的过程吗？

树哥：比特币白皮书中包含交易、时间戳服务器、工作量证明、网络、激励、回收硬盘空间、简单交易验证等众多信息。当然最为核心的还是比特币的产生和转移过程。我对比特币白皮书的解读如下。

解读比特币白皮书

《比特币——一种点对点的电子货币系统》

摘要：

比特币系统是一个完全去中心化的点对点转账系统。这套系统将交易组合成数据块进行哈希运算并加入时间戳，然后把数据块合并到一个基于哈希运算的工作量证明的链条上，作为交易记录，这样形成的交易记录将不可篡改，除非完成相同的工作量。在系统中，有一条最长的链条，这条链代表着整个网络的最大计算能力，如果有恶意节点想攻击网络的话，就必须超过诚实节点的整体算力才行。这个系统非常简单，所有的信息只要尽最大努力在全网传播即可，所有节点可以随时加入或离开，重新加入时只要找最长的链作为合法链条即可。

解读：摘要信息说明比特币系统生来就是一个完全去中心化的，既没有存储中心又没有控制中心的系统。对数据块进行哈希运算并加入时间戳，合并到一个工作量证明的链条，这就是解决"双花"问题的第一步：防止交易数据被篡改。因为"这个交易数据"

已经成为其后所有区块的数据基础，要想改变就需要把其后所有数据全部篡改，这就是"除非完成相同的工作量"的含义。所有参与者都对正确的数据进行验证，组合成一条正确的最长链条，这条链是合法链。如果有恶意节点要攻击，就必须有超过这些诚实节点的计算能力。

1. 简介

互联网交易大多需要借助第三方金融机构，有了这些第三方金融机构就产生了一些弱点：①不能实现不可逆的交易。②交易成本会增加，小额支付交易因费用问题很难完成。所以，就要需要一种时间戳服务器按照时间顺序生成电子交易证明，解决双重支付问题。只要一个网络上诚实节点的算力总和大于恶意节点的算力总和，这个系统就安全。

解读： 白皮书中对这块描述比较多，简而言之，就是当前金融交易的数据都可以撤销，很容易形成欺诈，增加信任成本和交易成本。例如，通过系统付了款，收到货后再进行退款，这样金融系统就需要花大力气解决这些欺诈问题，因而收费较高。这就会让普通小额的转账不划算，因为转账手续费比转账金额还高。而比特币的解决方案是，对每笔交易都打上时间戳，形成不可篡改的记录，当全网合法节点算力高于恶意节点算力，这个系统就安全。这里面应该涉及工作量证明，因为合法节点的算力大，在相同难度下，它们会更快地算出随机数，产生新的区块。这样算力更高的合法节点的区块产生速度会比恶意节点的区块生产速度快，所以它的区块链长度会长一些。

2. 交易

加密货币其实是一种数字签名，包含下一个接受者的公钥信息和发送者私钥签名信息。这一串数字签名上有接受者的公钥信息，所以接受者在之后的交易中可以使用自己的私钥对其进行签名；也有发送者的私钥签名信息，所以就可以验证他是不是真实的资产所有者。

不过，这并不能解决"双花"的问题，因为大家也不知道这笔资产之前是否交易过。在通常的解决方案中，会有一个中心化的造币工厂或者银行，造币工厂可以把每笔交易使用的货币销毁，再产生新的货币；或者银行统计所有的交易，不让同样的支付出现两次。而我们没有第三方中介机构，所以需要公开所有的交易，每一条交易都有唯一的序列号，并且要得到大多数成员确认是第一次花销才可以生效。

解读：这就是实现货币匿名性的原理，通过私钥签名来验证资产所有者，交易中也会包含接受者的公钥账户，便于他之后使用自己的私钥来花销这笔资产。不过，这个系统解决不了"双花"问题，中本聪在论文中提了传统模式：销毁原来的加密货币，再产生新的货币。这种模式和一些匿名货币的思路有些像。中本聪在白皮书中提供的方案是：让每一笔交易都有唯一的序列号，这个唯一序列号一般是交易的哈希值，再通过 UTXO 让大多数人确认，这才算是解决了"双花"的问题。

3. 时间戳服务器

这个方案第一次提出时间戳服务器的功能。时间戳服务器对区块的数据进行哈希运算，再加上时间戳，并把这个哈希值进行广播。这样，特定的数据必定会在特定的时间存在，因为只有在这个时刻才会有相应的哈希值。每次进行哈希计算时，都会把前一个区块的时间戳纳入本次的哈希值中，所以每次后面的哈希值就是对前一个区块的增强，这样就形成了一个链条。

解读： 时间戳服务器是确定先后顺序的重要工具，因为前面的数据是后面数据的基础，整个比特币系统是一个巨大的网络，需要同步时间，所以时间戳服务器也是保障区块先后顺序的一个手段。"后面的哈希值就是对前一个区块的增强"这句话就是我们一直强调的，后面区块就是对签名区块的验证，越是前面的区块得到的验证次数越多。

4. 工作量证明

我们在进行哈希运算时，引入与亚当·巴克提出的哈希现金类似的工作量证明机制，通过尝试哈希运算来寻找一个随机数。例如在 SHA256 算法下，通过与随机数进行哈希计算后的哈希值以多个"0"开始，"0"的数量越多，尝试出这个随机数的难度越大，而验证这个随机数是否正确只需要一次。当 CPU 进行反复尝试满足工作量证明机制之后，区块内的信息就不可更改了，除非再做相同的工作；如果这个区块之后还有别的区块，那么还必须完成之后区块的所有工作量才行。

这样的工作量证明机制还解决了投票大多数的问题。在基于 IP 地址的投票中，如果有人拥有分配 IP 地址的权利的话，那这种机制就失去了意义。工作量证明机制的本质是一个 CPU 一票，系统上最长的链条就代表着最大的工作量，集合了最多的 CPU。如果恶意节点想对以前的区块数据进行更改的话，不光要拥有当前区块最大的工作量，还需要有这个区块之后的所有区块的工作量，这样才有可能使得被更改的这条链成为最长的一条链，成功的概率呈指数化递减。

另外，由于网络节点的波动，区块生产所需的工作量也会有波动，所以可以将难度值设为一个预定的平均数，如果区块生成的速度过快，难度就需要提高。

解读：选择区块生产者的时候，要通过所有的节点进行大量的哈希运算，尝试找到满足条件的随机数。比特币白皮书中提到，要找到的随机数需要和区块数据进行哈希运算，得到数字需要满足若干个"0"开头。"0"的数量越多代表找到随机数的难度越大，所以可以通过改变"0"的数量来改变找到随机数的难度。

5. 网络

运行这个网络的步骤：

（1）新的交易在全网广播；

（2）每个节点都将收到的交易信息放入一个区块中；

（3）每个节点都尝试在自己的区块中找到那个随机数，实现自己的工作量证明；

（4）当一个节点找到了这个随机数，实现了自己的工作量证明，它就向全网进行广播；

（5）当这个区块的所有交易都有效，而且之前从未存在过，其他节点才会认同这个区块的有效性；

（6）其他节点认可这个区块的方法，就是把这个区块放在最长的链条之中，而且把这个区块的哈希值作为下一个区块的基础值。

最长链条是一个原则，所有的节点都会认为最长的链条是一个合法链条，并持续工作和延长它。如果有两个节点同时广播不同版本的新区块，其他节点在接收到这两个区块时有先后差别，它们会认为先收到的区块是主区块，并在其上进行工作，但也会保留另外一个区块作为备用区块，以防另外一条链条变成最长的链条。当最长的链条确定之后，所有的节点都会转换过来，如果某个节点确少某个区块，可以自行下载最长链上的区块，补足自己缺失的区块。

解读： 这部分说明了一个交易计入区块的全部过程。首先需要广播，然后各个节点努力通过工作量证明寻找随机数，争取成为一个合法区块生产者；合法区块生产者把自己打包的区块广播到全网；其他的节点验证后，认可这个区块，并以这个区块为基础去寻找下一个区块的随机数。一笔交易确认至少要两次广播：一次交易广播，一次区块广播。

6. 激励

约定对每个区块的第一笔交易进行特殊化处理，这笔交易会创造一个加密货币，奖励给区块生产者。这样不仅可以奖励区块生产者，还提供了把加密货币分配到流通领域的方法。CPU的时间和电力消耗都是为了获得激励，这有点像我们投入很多资源来挖黄金一样。交易费也是对区块生产者的一个激励，如果某笔交易输出小于输入值，那么差额就是交易费。当所有的加密货币投入到系统后，激励就逐渐完全依靠交易费，因此这个货币系统就会避免通货膨胀。这样的激励也会鼓励节点更加诚实，即便恶意攻击者有了足够的CPU算力，他也会发现按照规则行事更有利可图。

解读： 矿工收益，也就是通过竞争成为区块生产者应该得到的奖励。这意味着每个区块生产者都可以发起一笔从系统到自己的交易，初期是 50 个比特币，之后每 4 年减半。当 2100 万个比特币都产生后，就完全靠手续费来激励矿工了。如果输出小于输入，那么多余部分就是交易费，也就是说，如果进行一笔交易时忘了给自己找零，如转入 10 个比特币，而转给其他人 1 个比特币，剩下的 9 个比特币本应该当找给自己，如果忘了操作的话，这 9 个比特币就变成矿工费用被收走。不过现在都是钱包帮助转账，应该不用担心这个问题。

7. 回收硬盘空间

还可以采用默克尔的树形结构来保存交易信息，从而节省硬盘空间。将交易信息进行哈希运算时，把这些哈希值构建成一种默克尔树的形态，只需把默克尔树根放入区块头中，交易信息和默克尔树的其他部分则不必一定保留。

不包含交易信息的区块头只有 80 字节左右，如果我们设定 10 分钟产生一个区块的话，那么一年也只会产生 4.2MB 的数据。在 2008 年，电脑系统的普遍内存可以达到 2GB，按照摩尔定律的发展速度，之后把全部区块头信息存储到内存之中都没有问题。

解读：如果不作为一个全节点（保存全部区块链从开始到现在的所有交易数据的节点），那么只保存区块头信息也可以实现区块链的很多功能，可以支持手机或者其他的移动终端使用比特币区块链的功能。

8. 简化的支付确认

节点在不保存全部区块信息的情况下也可以校验支付，只要这个节点保存着最长链条的区块头，并不断同步最长链的信息。这样，此节点就可以通过默克尔树的结构快速定位某条具体的交易。但此节点不能独立检验该交易的有效性，需要通过一个保存全部区块信息的全节点确认这个区块被某节点创造，并且后面有足够多的区块在全网证明过它。

当诚实节点控制网络时，检验机制很可靠。但当恶意节点算力占优时，这样的简化支付确认机制就有可能导致交易欺诈。一个解决方案是：如果某个节点发现一个无效的区块就立刻发出警报，收到警报的简化节点立刻下载被警告有问题的区块或者交易的完整信息，以便于对信息不一致的地方进行判定。当然，有大量日常交易的商业机构，还是要运行保存所有区块数据的完全节点，这样才能保障较高的完全性和检验速度。

解读：只保存区块头数据的节点该如何验证支付？可以通过默克尔树结构快速定位到交易中，再来验证交易。

9. 价值的组合分割

对于每一个加密货币单独发起一次交易不是聪明的举动。为了让价值便于组合和分割，可以把交易设计成多路输入和多路输出。可以是单一较大前次交易构成输入，也可以是几个小额的前次交易构成并行输入；输出最多有两个，一个支付，一个找零。这时候，每一笔交易都会依赖前面的多笔交易，前面的多笔交易也会依赖更加前面的交易，这样的工作机制就可以直接校验交易中是否出现"双花"，而不需要检验之前发生的所有交易历史。

解读：这里介绍了比特币交易中的多路输入和多路输出，核心的内容是 UTXO，即未花费的交易输入。

10. 隐私

传统的隐私保护模型是把所有身份信息、交易信息、交易对手都保留在信任的第三方这里，即这些信息对公众进行隔离。在这种模式下，如果把交易信息公开，就会泄露隐私。不过，可以通过把账户信息和身份信息剥离来解决这个问题，就像股票市场一样，股票买卖的交易信息都有据可查，但这些普通人的账户信息却不会向公众公开。

而新隐私保护模型把交易信息向公众公开，把交易双方的身份信息隐藏起来。为了更好地保密，甚至可以在每次交易的时候都创建一个新的公钥账户，不过由于并行输入的存在，就代表这些并行输入的货币属于同一个拥有者，如果某一个公钥账户的主人身份暴露，那么他的所有其他交易都有可能被通过溯源方式找出来。

解读：这里提到了比特币系统的匿名性。所有的交易都公开，但交易的账户信息不和具体的人关联；如果有人通过交易所等进行实名交易，那么他的所有账户就都有暴露的风险。

11. 计算

即使在恶意节点可以生产出最快链条的情况下，它也不可能凭空创造价值，或者把别人的货币夺走，因为所有节点不会接受无效的交易，也不会接受一个包含无效信息的区块。这个恶意节点能做的，只能是更改自己的交易信息，让自己手中的货币可以"双花"。通过数学公式可以算出，这个恶意节点能做到"双花"的概率极小，成功的希望比较渺茫。

解读：由于比特币的产生完全依赖系统，比特币的所有权也只依赖于公钥和私钥体系，所以，即使恶意节点有较高的算力，其唯一能做到的也只是成为区块生产者，不能随意增发比特币，或者改变别人的比特币私钥、公钥。如果其生成的区块中包含无效交易，这个区块也会被认为是非法区块，遭到抛弃。所以，在比特币网络上成为"恶意节点"无利可图。

12. 结论

我们提出了一种去中心化的电子支付系统，虽然私钥签名的方式对资产控制作用明显，但对于解决"双花"问题还不够，于是我们提出一个通过工作量证明机制来公开记录交易信息的方案。在这个方案中，只要大多数CPU诚实可信，那么交易就是不可篡改的。这一方案的优点是：网络简洁、健壮。节点与节点彼此独立，协同工作极少。节点可以任意加入或者退出，所有信息都可以广播，只需要遵循最长链的原则，从最长的合法链条上补充自己缺失的数据；而对于非最长链条则认为是非法链，并拒绝在其后延长区块。这就构建了一个P2P加密货币系统所需要的全部规则和激励措施。

解读： 比特币通过最简单的方式来实现去中心化的匿名加密货币系统。非对称加密的私钥签名解决资产的匿名所属问题；工作量证明机制保证合法节点共同捍卫网络安全，保证数据的可靠性；最长链原则简洁有力，不对节点有任何束缚，实现了比特币系统的安全与稳定。

任潇潇： 这里面有好多我不理解的名词。

树哥：中本聪的这篇论文非常精炼，其中又包含了海量信息，需要一定的功底才能看懂。简而言之，比特币白皮书主要写了比特币的产生和转移。

任潇潇：虽然对比特币白皮书的理解还很浅显，但我感觉中本聪对比特币系统的机制设置好精妙，考虑得很细致。这样的论文发表出来一定会引起轰动吧？

树哥：并没有，网上有人说比特币出现后如何石破天惊、如何引人注目，但真实的状况往往不同。

波澜不惊

树哥：初期，中本聪对自己开发的比特币系统比较有信心，在发表比特币白皮书之前，他做了两件事情。

一是注册了两个域名：www.bitcoin.org 和 www.bitcoin.net。中本聪觉得如果比特币将来会成功的话，需要一个宣传、介绍以及让用户下载它的平台。当然，按照密码朋克的习惯，中本聪选择了匿名的域名服务商。

二是中本聪把论文发给几个人看，期望他们提出意见。

中本聪把论文发给了亚当·巴克博士。亚当·巴克博士正是用哈希现金来解决垃圾邮件问题的提出者，他也可以算是工作量证明之父。

不过，自从 1992 年密码朋克提出要做加密货币系统以来，无数人提出了方案，但能真正实施的其实并不多，比较知名的是大卫·乔姆的 E-cash，其他一些方案如 B-money、比特金也都只是方案，没有落地。

到 2008 年，已经十几年过去了，大多数密码朋克对构建一个去中心化的匿名加密货币系统早就丧失了信心。所以，亚当·巴克可能只是大概看了看中本聪的论文，恰好发现比特币采用分布式存储账本的思路，他便回复了一封邮件给中本聪：文章的内容似乎和 B-money 方案有类似的地方，如有参照，建议引用一下。如果没有看过，就建议找来看一看。

所以，中本聪就给 B-money 的提出者戴伟发了第一封邮件，那是个周五，在 2008 年 8 月 22 日。

在这封邮件中，中本聪告诉戴伟，他在做一个去中心化的货币系统，亚当·巴克博士建议他读一下戴伟的论文。他期待在自己的论文中引用戴伟的论文内容，同时把比特币白皮书的摘要和论文地址告诉了戴伟。

很快，戴伟就给中本聪回复了邮件，告诉了中本聪他的 B-money 在密码朋克匿名邮件列表中的发表地址，还有一些关于 B-money 的讨论的链接。他说会读一下中本聪的文章，然后再联系中本聪。

事实上，中本聪并没有等到戴伟对论文的进一步回复与讨论。中本聪决定把自己的论文发表在密码朋克的匿名邮件列表之中。

2008 年 11 月 1 日，中本聪发表了这篇论文。然而，并没有中本聪期待的热烈讨论，似乎没有多少人有兴趣读它。

第一个星期只有两个回帖。

一个叫约翰·列文的密码朋克回了贴：这样靠算力保护安全性不妥，因为一般坏人的算力要远高于好人。

另一个是密码朋克的元老詹姆斯·唐纳德，他则认为所有人都保存账本的思路有问题，因为随着用户越来越多，账本数据会越来越大，最终没多少人可以保存所有账本。所以这个系统不能支持百万级用户。

过了一个星期，终于有一个正面的回帖出现了，这个人叫哈尔·芬尼。他回复：坏人的问题可能不是大问题，不过具体要看软件系统。总之，这是个不错的想法，期待中本聪把它实现。

哈尔·芬尼的出现

哈尔·芬尼也是一位资深的密码朋克。在"密码学之战"结束后，菲尔·齐默尔曼成立了PGP公司，哈尔·芬尼就是合伙人之一。事实上，在菲尔·齐默尔曼开发PGP软件的时候，哈尔·芬尼就是他的义工。当PGP公司成立时，哈尔·芬尼自然就成了公司的一员。

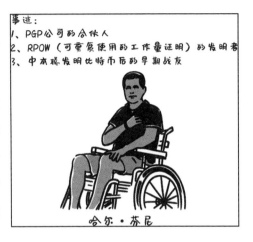

事迹：
1、PGP公司的合伙人
2、RPOW（可重复使用的工作量证明）的发明者
3、中本聪发明比特币后的早期战友

哈尔·芬尼

哈尔·芬尼对加密货币项目极其感兴趣，大卫·乔姆的E-cash出现后他就进行了研究，认为大卫·乔姆的隐私保护思路很好。在埃里克·休斯于1993年发表了《密码朋克宣言》之后，哈尔·芬尼就在加密邮件列表中发了个帖子：幻想出现一种货币，任何人都不知道消费记录，因为这是一个把隐私加密了的货币，所以可以称为"加密货币"。他也曾经发邮件给朋友说，现在做的这个事情就是让监视和控制的"老大"消失，这个事情意义重大。

2004年，哈尔·芬尼也研究出了自己的加密货币，使用的方案也是亚当·巴克的哈希运算，哈尔·芬尼给它起了个名字叫"可重复使用的工作量证明"，简称RPOW。事实上，这个机制和中本聪在比特币中采用的"工作量证明机制"（POW）没有什么区别。

发布程序

在哈尔·芬尼的鼓励下，中本聪加快了比特币软件的开发。中本聪开发了一个Windows版本。写完文件代码之后，中本聪就把它发给了哈尔·芬尼。这个软件只有两项功能：第一个是生产比特币，第二个是转移比特币。一台电脑上的软件开始运行的时候，它会寻找同样运行比特币软件的电脑。如果选择生成比特币，那么本台电脑就进行哈希运算去寻找随机数，只要找到了随机数，就可以获得这一个区块产生的比特币奖励。中本聪设置 10 分钟产生一个区块，每个区块奖励 50 个比特币。

哈尔·芬尼收到这个软件代码之后，提了一些修改意见。两人在两个月间不断进行交流，修改软件。

2008 年，发生了国际金融危机，美联储为了解决金融危机问题而超发货币，这样老百姓手中的钱将不再值钱，相当于老百姓用自己辛苦赚来的钱补了金融危机的大窟窿。所以哈尔·芬尼就给中本聪提建议：如果想推广比特币，最好能控制比特币的总量。

于是，中本聪就把比特币软件进一步修改完善，将其总量设为 2100 万个，每 10 分钟产生 50 个，每过 21 万个区块生产量就减半，也就是每 10 分钟产生 25 个。再过 21 万个区块，就变成了每 10 分钟产生 12.5 个，最终直到 2100 万个比特币全部产生。因为设定 10 分钟产生一个区块，就是一小时产生 6 个区块，一天产生 144 个区块，一年产生 56000 多个区块，4 年大约就产生 21 万个区块。依此类推，大约到 2140 年，所有的比特币都会产生。

比特币的总量控制

在运行测试软件的时候中本聪发现一个问题，必须一直开着电脑，否则比特币软件不能长期运行。换句话说，在一个时间段内必须有一台运行比特币软件的电脑，否则不能产生区块和发行比特币。而总进行哈希运算让中本聪和哈尔·芬尼的电脑变得很热也很慢，导致调试软件不太方便。中本聪决定找个能长期运行电脑的地方。

美国的服务商都需要记录网站运营者的名字，所以他选择了一家芬兰的服务商，可以远程注册，不需要登记运营者的真实姓名。中本聪得到了芬兰赫尔辛基的一个小型服务器，中本聪远程登录上去，安装了比特币软件并运行了它。中本聪打开了生成比特币的开关，很快第一个区块就产生了，这就是比特币的创始区块，为了纪念这个独特的区块，中本聪在这个区块脚本中写了当天《泰晤士报》的头版标题：The Times 03/Jan/2009 Chancellor on Brink of Second Bailout for Banks（财政大臣站在第二次银行救援的边缘）。

当时，英国财政大臣正被金融危机搞得焦头烂额，中本聪期待未来比特币系统有机会终结这种现象。当然，他也想告诉大家，比特币的账本是和时间绑定的，永远不可能篡改。

哈尔·芬尼生病

中本聪同时把比特币的源程序发到密码朋克的匿名邮件列表中，供大家下载使用。他公布的是比特币源程序代码，也就是比特币的开源软件，而不只是可以执行的软件。

开源软件有两层含义：

第一，任何懂代码的程序人员都可以拿到比特币软件的源代码，读懂它的逻辑，理解内部的所有机制。当然也可以很轻易地修改源代码，形成新的软件，这些新的软件就被称作比特币的"山寨币"。

第二，任何人都可以下载比特币软件并在自己的电脑上运行，成为比特币网络中的一个节点。

把源代码公开是资深密码朋克都会考虑的事情，因为在他们心中，技术要不断发展就需要所有密码朋克的共同努力，并且建

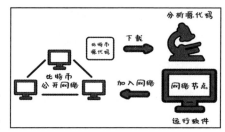

立一个去中心化的加密货币系统是密码朋克的共同梦想，也是未来虚拟世界的基石，如果某个人自己掌握它则会对它的发展不利，也一定会像大卫·乔姆的 E-cash 那样最终走向死亡。

虽然中本聪把软件源代码公开发布到网络上了，但是使用的人并不多。很多人下载软件后试用了一下就把它关掉了，所以比特币网络中大多数时候只有一两台电脑。

中本聪逐渐意识到，如果没人使用的话，即使这套比特币软件的程序编得再好也没有多大意义。必须想办法推广这个软件，让大家来试用。所以他们在一些网络论坛中发了几个广告，但效果不是很好。

更糟糕的是，哈尔·芬尼生病了。事实上，当时中本聪不知道他病了，他们之间的往来邮件越来越少，直到最后没有收到邮件，中本聪才得知哈尔·芬尼得了罕见的肌肉萎缩硬化病，没有办法再继续工作了。

马迪·马尔米

在随后的两个月内，比特币的状况并没有大的改观。又有一些感兴趣的人进行了简单的尝试，但是很快就把它丢到一边。也有一些人给中本聪发邮件，表示对比特币很感兴趣。有个小伙子叫马迪·马尔米，他在邮件中说自己学的是计算机科学专业，懂一些 C 语言程序，本想为比特币做些什么，但不知道做什么。他的邮件中还附带了一个链接，是他在别的论坛上对比特币的一个宣传。

中本聪觉得他很热心，就回复了邮件，表示他的宣传很正确，如果

可能的话，他可以让他的电脑一直运行比特币软件，这样比特币网络中的电脑就会越来越多。

马迪·马尔米属于新人，不是资深的密码朋克，他没有很深的密码学知识和编程知识，不过他对政治非常敏感。他提建议说，很多人对技术可能没有那么关心，如果从政治上来说比特币的好处的话，或许会引发一些热点。现在全世界都在解决金融危机的问题，如果加大力度去宣传比特币的总量控制特性，大家就会更加重视它的价值，可能会引发很多人的兴趣。

他的建议很好，中本聪迅速采用了相应的策略，开始广泛宣传中心化货币存在的货币泛滥问题，重点提比特币的总量限制优点，对比特币感兴趣的人真的多了起来。于是就有很多人会问一些简单的问题，中本聪回答起来越来越没有耐心，所以就把回复常见问题的事情委托给了马迪·马尔米，他完成得非常好。

马迪·马尔米把大家常问的一些问题做了归纳总结，然后有针对性地把每一类问题的答案公布出来。之后中本聪把网站的所有权限都给了他，因为中本聪觉得他做得比自己好。然后又告诉他，最好能把社群做起来，同时建议他也不要关电脑，因为比特币软件虽然有几百次的下载量，但是很多人运行一次都关掉了，必须保证有人时常在线。

马迪·马尔米是一个爱学习的人，他不太懂 C++ 语言，也就是比特币使用的编程语言。所以他就开始自学 C++ 语言，之后又把比特币软件用自己的方法重新写了一遍。他和中本聪进行了很多次讨论，修改了很多软件中的细节，甚至还确定了比特币的图标，就是现在用的这个。

马迪·马尔米虽然编程能力一般，却很有想法。他提出比特币程序应该开机自动运

行，这样比特币的节点数量可能就会多起来。中本聪同意了他的建议，并把比特币核心软件的修改权限给了他，让他来做这些事情。

比特币第一次有了价格

比特币软件看上去没有什么大的问题，运行得也还不错，但中本聪发现，虽然有人运行比特币软件，但却没有人生成比特币区块，当然也没有人使用比特币，大家也不知道比特币能用在什么地方。

中本聪催促马迪·马尔米尽快举办一个论坛，想办法让大家用一用比特币。马迪·马尔米很快就把论坛组织好了，一些使用过比特币软件的人也纷纷注册了。大家开始讨论如何让比特币应用起来。

有位叫"新自由标准"的网友提了一个建议：最好能让大家自由买卖比特币，这就需要一个场所。马迪·马尔米立刻给"新自由标准"转了 5050个比特币，而"新自由标准"

比特币第一次拥有价格

1 美元=1006个比特币
1个比特币=0.00099美元

比特币第一次拥有价格

则支付给马迪·马尔米 5.02 美元。大家问"新自由标准"为什么支付5.02 美元？这样 1 美元大约可以买 1006 个比特币。"新自由标准"说，就以生成一枚比特币的电费作为它的价格吧，计算结果就是 1 美元等于1006 枚比特币。此时，比特币才第一次真正有了定价标准。当然，这个标准计算出的比特币会随着生产所需要的电费的变化而变化。

为了让比特币看起来有用，"新自由标准"也做了一些努力，他开了一个网页，上面列了一些物品，他宣称谁都可以拿比特币来换这些东西。不过这个网站很快就运行不下去了，因为没人关心比特币，也没人觉得比特币有价值。

整个 2009 年，除了几个内部人转账之外，竟然没有发生过一笔比特币的转账，中本聪都怀疑比特币是不是会和它的前辈们一样成为先烈，成为硬盘上无人问津的一堆代码。

大家一直也没有太好的方法，也没有太多可以做的事情。中本聪开始做别的事情，马迪·马尔米也找了一份工作。比特币度过了毫无波澜的 2009 年，进入 2010 年之后似乎也没有任何改观。2010 年 5 月，有人在匿名邮件列表中询问：如何利用比特币来收取服务费？过了很久之后才有个人回答：大概比特币已经完蛋了。

世界上最贵的比萨

虽然大家慢慢地不再对比特币抱有希望，但比特币还是在不知不觉中缓慢地吸引着参与者。拉格洛·汉耶兹（Laszlo Hanyecz）就是其中的一员，他是一名软件工程师。偶然听别人说到比特币，他觉得有点意思，立刻来了兴致，找到比特币软件源代码研究了一番。他用的是苹果电脑，使用网络的时候总也不太方便，索性花了一些工夫根据比特币的原理开发出了 Mac 版本的比特币软件，在自己的苹果电脑上运行。

拉格洛给中本聪发了一封邮件，表示自己对中本聪的比特币很感兴趣，并且开发了一个 Mac 版本的比特币软件，可供使用苹果电脑的用户使用。不过他在开发 Mac 版本的时候考虑到，由于比特币的安全是靠算力保障的，所以他觉得这个可能是一个问题，想测试测试。中本聪给他回了邮件，感谢他开发的 Mac 版本，表示测试通过后会让马迪·马尔米把它上传到网站上，同时欢迎他测试。

与此同时，拉格洛使用他的电脑开始挖矿。挖矿的基本原理很简单，通过不断的哈希运算来寻找一组随机数。运算速度越快的电脑进行哈希运算的次数越多，会有更大的优势，这个完全取决于电脑中央处理器（Central Processing Unit，CPU）的速度。但拉格洛却另辟蹊径，他知道中本聪使用的是叫 SHA256 的一种哈希算法，这种算法使用图形处理器（Graphics Processing Unit，GPU），GPU 的速度会比电脑本身的 CPU 快得多。所以，他一天就可以挖得上千枚比特币。

拉格洛写邮件把这件事告诉了中本聪，中本聪看了却有点伤心。当然不是因为他挖取了很多比特币，而是因为，中本聪的本意是建立一个完全去中心化的系统，所以特意没有采用 IP 投票的方式，因为 IP 可以伪造，容易导致中心出现。他决定采用算力投票的原则就是因为 CPU 的算力相对平均，按照一个 CPU 一票的原则容易去中心化。只不过中本聪没有想到这么快就找到了一个超过 CPU 算力的 GPU，长期使用 GPU 会不会导致算力的中心化，他不太确定。

所以中本聪给拉格洛回了邮件，请求他不要把比特币网络的算力提得太高，毕竟还没有什么人来挖矿，如果这些比特币集中在他的手中，就更没有什么人来参与和使用比特币了，还请求他为比特币推广做点事情。

拉格洛是一个很正直的人，他利用 GPU 挖矿完全是想尝试一下高算力加入网络是否会对比特币产生威胁。结果让他很满意，虽然比特币有可能会集中，不过比特币的网络安全并没有受到影响。于是，他也开始想办法推广比特币。

2010 年 5 月，拉格洛在比特币论坛上发了个帖子：想出 10000 个比特币，谁愿意帮我买两个比萨？并且留下了自己电话。2010 年 5 月 22 日，一个加利福尼亚人打电话给拉格洛家附近的一个比萨店，让他们给拉格洛送了两个比萨。拉格洛立刻支付了 10000 个比特币，并在论坛上公布了此事。随后几天，又有几个人给拉格洛打了电话、送了披萨。没有办法，拉格洛只能连续几天吃比萨。他挖的比特币存货也在快速消耗。

就在 3 个月后，比特币可以在门头沟交易所购买时，价格突然快速飞涨。拉格洛当初发的帖子下面就不断有人调侃。

8 月：600 美元的比萨好吃吗？

11 月：2600 美元的比萨好吃吗？

到了 2017 年，拉格洛的比萨会值几亿美元，所以大家都戏谑称拉格洛的披萨为"历史上最贵的比萨"。

加文·安德烈森（Gavin Andresen）也做过类似的事情。拉格洛证明了比特币有一定的价值，至少 10000 个比特币换了两个比萨。而加文却证明比特币可以用来做营销。

世界上最贵的比萨

加文在 2010 年 5 月知道了比特币，并且立刻喜欢上了它。他很快就下载了比特币的白皮书和比特币源代码，开始仔细研究。随后就给中本聪发了一封邮件，提出了比特币的源代码中可以优化的地方。中本聪看到他提出的问题就知道他有着极深的编程功底。不久之后，中本聪就把比特币源代码的改写权限给了加文，后来大家称加文为比特币的首席开发者。加文自己花 50 美元买了 1 万个比特币，他开通了一个网站，每个来网站注册的人加文都赠送 5 个比特币，他想以此证明比特币还可以有使用场景。对中本聪来说，最大的收获反而是找到了一个能替自己做好比特币软件后期维护管理工作的人，当中本聪退出这个行业后，加文完全承担起了中本聪的责任。所以，他是公认的中本聪的继任者。

12 门头沟交易所的那些事

任潇潇：本以为比特币一面世就开始风靡天下，不知道却走得这么艰难。幸好有那么多的支持者，哈尔·芬尼、马迪·马尔米、拉格洛·汉耶兹、加文·安德烈森，如果没有他们，比特币可能就无法度过早期这么艰难的阶段了。

树哥：除了这些人之外，还有一些组织和网站都对比特币的发展有所帮助。有个网站叫门头沟交易所，对应用比特币非常有帮助，不过它却很悲惨地倒在了黑客手下。

任潇潇：门头沟交易所？是北京的那个门头沟吗？

树哥：这个门头沟交易所还真和北京的那个门头沟没关系，主要是因为交易所的名字简写是 Mt.Gox，中国人给它起了一个好记的中国名字"门头沟"，其实它是一家公司——Magic：The Gathering Online Exchange。

从 2009 年 1 月 4 日中本聪发布比特币软件到 2010 的 6 月，已经过了一年半了，在很多人眼里，比特币软件成了昙花一现的产品，在加密邮件列表中出现后就不声不响地消失了。但比特币的支持者也还是在推动比特币缓慢地发展：比特币软件已经更改到第三个版本了，他们称之为 0.3 版本。也聚集了一些能全心全意为比特币的未来发展考虑的人，例如哈尔·芬尼、马迪·马尔米、拉格洛·汉耶兹、加文·安德烈森。

所以，比特币的支持者们觉

门头沟交易

得似乎是时候给比特币添加一把火了。他们决定去一个比较火的论坛发一个帖子。可是到底发什么内容呢？经过一番讨论后他们决定：这个帖子不能有太敏感的政治词汇，这对还

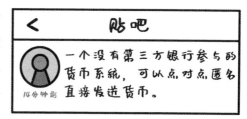

第一条关于比特币的帖子

处于襁褓中的比特币来说没有什么好处；应该着重谈一下比特币的去中心化特点。后来他们发帖写道：一个没有第三方银行参与的货币系统，可以点对点匿名直接发送货币。

毫无疑问，这个帖子火了，嘲讽的回复比夸奖的回复多多了。不过比特币的支持者们都很兴奋，毕竟之前那么长时间的沉寂让所有人都憋坏了。网站的访问量也迅速在上升，很快服务器就因为访问太多宕机了，马迪·马尔米手忙脚乱地去修复。大家也看到越来越多的人开始下载比特币软件，这是他们期待已久的景象。

杰德的电驴

在论坛发表帖子的当月，比特币软件的下载量是3千多，过了短短一个月，下载量便突破了2万。好消息是，大家运行的比特币软件都很稳定，没有什么问题。加文做的那个注册就送5个比特币的网站也开始火爆起来，越来越多的人去注册，想要得到比特币。加文的比特币存货很快就被清空了，他不得已开始发帖子募集比特币，以维持网站的赠送规则。

大家对比特币的探讨逐渐热烈起来。而中本聪也做了一些解释：比特币像黄金一样总量有限，只有2100万枚；如果你想获得它，除了从别人那里获得就只能靠"挖矿"了，这点和黄金一样。不过它却没有黄金那样不宜流转、不宜分割的特点，所以把比特币称作"数字黄金"。当"数字黄金"的说法开始流传时，很多人就想得到它。很多人开始抱

怨加文的网站赠送的比特币太少，只有 5 个。他们都想通过其他的手段来得到比特币，买也可以。当然，也有个别人尝试用自己的笔记本电脑挖矿。

这时候，杰德·麦卡莱德（Jed McCaled）注意到这一现象，他就开始思考如何做一个网页进行买卖比特币。

杰德其实是一个名人，他做了一个名为"电驴"的软件，非常火热，这是个采用了 P2P 技术的软件。之前我们介绍过的 Napster 是第一个大规模使用 P2P 网络分享音乐的公司，杰德的"电驴"可以当作 Napster 的第二代技术。Napster 采用一个中心化的目录服务器，将文件存储在各个分散的节点，而杰德

电驴网站

的"电驴"更进一步，没有中心化的目录服务器，任何一台安装"电驴"软件的电脑都会立刻变成目录服务器和文件存储服务器，同时它还会在全网寻找同类型的服务器。这样整个网络就变成了由无数目录服务器和文件服务器组成的超级网络，这样的网络比 Napster 安全得多，效率也高了很多。

需要特别说明的是，"电驴"采用了一种叫"动态哈希列表"（DHT）的技术来管理服务器节点和文件，极大提升了节点和文件的搜索管理效率。而这个动态哈希列表（DHT）也已经成了 P2P 网络的底层技术，被大规模使用，这样的技术在各种区块链项目中也有广泛应用。

和 Napster 的境遇相同，杰德的"电驴"由于侵犯了巨头的利益而遭受起诉。美国唱片工业协会（Recording Industry Association of America，RIAA）起诉了杰德的"电驴"，最终杰德赔付了 3000 万美元，并关了"电驴"软件。

门头沟交易所的诞生

杰德从论坛上看到比特币的介绍时立刻兴奋起来，原因有两点：① "电驴" 就是挑战中心化的一个尝试，虽然失败了，但却让杰德明白了从更加底层的货币入手做去中心化或许是一个不错的思路。杰德想，如果比特币早出现几年，就可以把比特币和 "电驴" 结合起来，也可能 "电驴" 会有一个不一样的结局。② 比特币可能会成为未来虚拟世界的基础，这么多人想要比特币，那能不能做一个网站让大家来交易比特币呢？

因为杰德已经有一个域名 Mt.GOX，可以直接用这个域名当作比特币交易所。这个域名之后很知名，中国人给它起了一个很别致的名字——"门头沟"。这个域名原来是 2007 年杰德用于线上买卖魔法风云会的网站，Mt.GOX 命名来自 Magic: The Gathering Online Exchange 的首字母缩写 Mt.Gox。杰德很快就重启了这个网站，并开始在论坛里打广告：我新建了一个比特币交易网站 Mt.GOX，欢迎大家来看看。

门头沟交易所的原理其实很简单：杰德在交易所上开设了自己的 PayPal 账户和比特币账户，大家都可以把现金转到杰德的 PayPal 上，把比特币转移到杰德的比特币账户中，在门头沟交易所网站上，杰德再给大家开设现金和比特币账户，大家有比特币买卖的时候就可以直接交易。

或许你已经看出来了，其实大家的现金和比特币都在杰德的账户中，杰德只是给大家记账而已。这个和银行其实没有什么差别，你在银行给别人转账的时候，银行也没有真把钱给那个人，只是把你的账户余额减掉转账金额，把对方账户的金额加上转账金额而已。 在这种情况下，只要大家不提现，那么这些资金和比特币本质上都还是属于杰德本人，这完全是一个中心化的解决方案。事实上即使到今天，你所熟知的那些名列前茅的交易所也都是这样的模式，所以才会出现创始人离世而导致交易者的加密货币被锁死的现象。

虽然门头沟交易所只是一个传统的中心化的解决方案，但效果却非常好。这与杰德经营过商业网站有关，关键点是他接入 PayPal 服务。PayPal 是在线支付应用，有人称之为"贝宝"，它是 1998 年就成立的公司，现在为上亿人提供服务，是全球最受欢迎的在线支付应用。PayPal 的一个创始人你也一定听说过，那就是特斯拉和 SpaceX 民用火箭的创始人埃隆·马斯克（Elon Musk）。因为 PayPal 用户基数大，任何人通过邮箱都可以开户，PayPal 用户相互转账也极其方便，可以实现瞬时到账，不受国界限制。所以，杰德的门头沟交易所很快就开始火爆起来。

遭遇危机

比特币火爆后吸引来的是更多的编程高手，他们开始审视比特币系统的安全问题。很快，来自德国的程序员阿特福兹（Artforz）发现了比特币的一个重大漏洞。他在 2010 年 7 月底给中本聪发了一封邮件，详细描述了这个漏洞，中本聪非常感激他没有利用漏洞而获取比特币。中本聪和加文很快就给程序打了补丁，但是比特币软件运行在那么多人的电脑上，只改了中本聪的软件还不行，必须让大多数人都更新了软件才行。所以中本聪没有对外宣扬这个漏洞，而是发布了新的版本让大家更新程序，这次事件总算有惊无险地过去了。

这样的危机不光针对比特币本身，针对门头沟交易所的麻烦也越来越多。首先，比特币交易不可撤回，但是 PayPal 上的交易却可以撤回。这就意味着有些人通过 PayPal 付款，当别人给他们转了比特币之后，他们又在 PayPal 上申请退款，相当于他们没有付钱就得到了比特币。那卖比特币的人当然不同意，只能去找杰德，毕竟这是杰德的交易所，而且每笔交易杰德都会收取 0.5 美元的手续费。杰德没有办法，只好把自己的钱付给比特币的出售方。这还不算什么，最麻烦的是因为太多人投诉他，所以他的 PayPal 账户被冻结了。账户中不光有杰德的资金，还有很多用户存在他账户里的资金。杰德崩溃了，他只是用业余的时间来做这个事情，谁能想到是个烂摊子。被冻结的 PayPal 账户中的资金还可以想办法还给用户，可是还有什么更简单的方法来接受用户的转账呢？

转手门头沟交易所

杰德意识到很多问题都和法律相关，如果想长久把交易所干下去就必须把法律障碍扫清。所以他给一个法律界的朋友打电话，咨询自己开这样一个比特币交易所，在法律上应该注意哪些问题。这个朋友认为，当时美国政府对比特币的态度还不明确，如果将其当成货币就必须纳入银行监管，如果将其作为商品就需要由商品管控部门来管控，这两种情况下需要准备的法律资料不同。不过因为这个交易所需要接收各个国家的货币，所以转汇方面的手续一定必不可少。可以预见：如果要把它正规化，则需要一大笔费用。

杰德已经被门头沟交易所搞得焦头烂额，他不太愿意再往里面投入大量资金，对于他来讲，把它高价卖出去或许是不错的选择。于是杰德开始接触门头沟的潜在买家。有位叫马克·卡佩雷斯（Mark Karpelès）的法国人吸引了杰德的注意力。

马克是电脑编程爱好者，他在日本开了一家服务器公司，直到有客户向他咨询能否使用比特币付款的时候，他才知道了比特币。不过他对比特币的事很热心，还帮助马迪和杰德处理过一些事情。因为马克是个胖子，所以论坛里的人亲昵地称呼他"法胖"。杰德不太想长期运营门头沟交易所的事情他清楚，他也对这个交易所有一些兴趣。

2011 年 1 月，杰德的门头沟交易所还是被黑客盯上了。黑客偷走了价值 4.5 万美元的比特币，可能是因为找不到其他的出售渠道，所以没过多久，黑客又想在门头沟交易所出售这些比特币，结果杰德很快就把黑客的这笔比特币冻结了。虽然这次没有损失，但杰德明白这个交易所已经被黑客彻底盯上了，自己可不会一直都有这样的好运气，所以他下定决心要把门头沟交易所转手。他给马克的报价让马克大吃一惊——杰德不要马克一分钱，只要马克接手后前6个月收入的50%，外加公司12%的股份。看得出来，杰德确实想摆脱这个烫手的山芋，股份都拿得那么少，估计也是考虑到将来如果门头沟交易所真出了问题，也不用自己担什么责任，毕竟政府对比特币的态度并不明朗。

对于这样一笔便宜的买卖，马克当然毫不犹豫地接受了。他把平台软件迁移到自己东京的服务器上。不过紧随而来的黑客攻击也让马克开始压力越来越大。

黑客攻击

由于比特币的名声越来越大，很多人看到了其中的商机。有一位叫罗杰的商人，他在认真研究了比特币之后，立刻决定投钱购买比特币，他一次性买了2.5万美元的比特币，直接就把当时比特币的价格提升了75%。不仅如此，他还到处宣称他的公司支持比特币支付，他在硅谷旁边的高速公路上做了一个巨大的广告牌，上面写着：我公司接受比特币支付。由于主流媒体都以批判的态度报道比特币，他的这个广告就让普通民众知道还有另外一种对比特币非常积极的态度。所以门头沟交易所的注册用户也越来越多，比特币的价格也在逐渐攀升。

这时候，黑客对门头沟交易所发起了DDoS攻击。所谓DDoS攻击就是黑客控制成千上万台普通电脑，这些被控制的电脑被称作"肉鸡"，让这些电脑同时对服务器发起反复的业务请求，大量占用服务器资源和带宽，让服务器没有办法响应正常的业务需求。就像雇佣一群人去银行反复存取1元钱，这样普通用户的正常业务就没有办法办理一样。所有登录了门头沟的用户立刻发现网站变得很慢，甚至难以登录，或者总出现假死的现象。黑客向马克勒索 500 美元，号称只要支付了"保护费"就不再攻击门头沟交易所。马克没有妥协，用了好几天才处理完此事。

就这样，门头沟交易所的用户越来越多，而找门头沟交易所麻烦的黑客也越来越多，马克却是一个不紧不慢的人，所以门头沟交易所的体验感实在不敢恭维，因此在比特币论坛上抱怨的帖子也越来越多。不过大家没有其他选择，门头沟交易所的用户量和交易量还是一直在激增。2011 年 3 月，门头沟交易所只有 3 千个用户，而到了 6 月，用户就暴增到 6 万。接近 90% 的比特币交易都在门头沟交易所进行。不过也有人在比特币论坛中说，要开一个真正体验好的交易所。

2011 年 6 月 19 日，门头沟交易所遭遇了一次重大黑客攻击。凌晨两点，黑客在门头沟交易系统中制造了大量的比特币，不过这种比特币并不是在比特币网络产生的，而是在门头沟交易所的账户中产生的。就像银行账户，只要有相应的权限就可以把银行账户的余额从 0 改成 100 万。这些比特币虽然在比特币区块链上无法识别，但却和门头沟交易所记账系统中的比特币没有什么区别，如果黑客想提取比特币，门头沟交易所还是会从自己的真实比特币地址给对方转移比特币。现在的中心化交易所也是如此，只有提现的时候，通证才会从交易所提到个人钱包，否则它只是交易所上的一串数字而已。

黑客想提取比特币也没有那么容易，因为马克设定了门头沟交易所的账户每次只能提取 1000 美元的比特币。按照当时交易所 1 个比特币等于 17 美元价格，黑客每次只能提取约 60 枚比特币。黑客制造的 100 万枚比特币如果以这个速度提取要等到猴年马月，况且交易所也很可能会对频繁提现做限制。所以黑客想了一个釜底抽薪的招：把比特币的价格打压下来再提取。于是黑客大举抛售比特币，比特币价格很快就被打压到了 1 美分，这样 1000 美元就相当于 10 万枚比特币。不过黑客没有想到的是，砸盘让整个交易所乱成了一锅粥，有恐慌性抛售的、有疯狂接盘的，整个交易所的交易速度慢若蜗牛，提现的操作自然也没有那么顺畅。

一个多小时后，马克上线紧急停止了账户提现的功能，这时候黑客制造的比特币大部分还在门头沟交易所的账户内，没有多少损失。但是黑客创造了一批比特币，并把他们在交易所中卖掉了，马克认为这是非法的，必须把这些交易撤销。而那些通过超低价格买入比特币的人则坚决反对。马克最终还是坚决撤销了交易，并暂时下线了交易所。

生死考验

"门头沟黑客"事件虽然让比特币产生了一次波动，不过却让大家对比特币的发展信心大增。门头沟交易所之所以出现此类黑客事件，原因在于它和银行一样是完全中心化的机构，但却没有银行那样完善的安全机制。这也证明了比特币去中心化的生命力，由于没有中心，也就不会像门头沟交易所那样充满风险。

此后，越来越多的人想涉足比特币交易，不过门头交易所因为开得早、名气大，还是处于绝对霸主地位。也有一些人开始讨论去中心化交易所，也就是说买卖双方可以直接在平台上交易，自己的资金完全自己保管。但因为交易效率问题和推广问题，去中心化交易所发展缓慢，而且大多数用户对是否"去中心化"并不关心。

作为比特币交易所的老大，门头沟交易所的交易量虽然占据比特币总交易量的80%以上，但服务却很一般。最重要的是，经过那么多次的黑客攻击后还是没有引起足够的重视。据称，2011年9月，有个黑客盗取了门头沟交易所的私钥，他可以不断把门头沟交易所的比特币转移到自己的钱包，但马克他们似乎并不知情。到2013年4月，这名黑客已经转走了数十万枚比特币，而马克的门头沟交易所也遭遇了新的问题。

由于用户越来越多，门头沟交易所处理交易的速度越来越慢，有时候一个订单需要 1 个小时才能成交，原本计划 160 美元购买的订单等交易成功后交易价格变成了 180 美元，购买的人很不开心，赚钱的人又担心不能及时变现赚钱，就开始挂单卖出。挂单卖出的人多了就会引起恐慌，于是更多人挂更低的价格，交易所又拥塞了。此时黑客又对交易所开始新一轮的攻击，马克没有办法，只得暂时关闭交易所。

2013 年 5 月 2 日，门头沟交易所的一个合作方在美国起诉门头沟交易所，声称门头沟交易所和他们签订合约，约定将美国地区的用户转移给他们运营，但却一直没有遵守合约。5 月 9 日，美国联邦调查局冻结了门头沟交易所在美国银行的 500 万美元，理由是怀疑有一些黑色交易通过门头沟交易所买卖比特币。例如，一些黑色交易网站要求用比特币来支付，所以买家就会去门头沟交易所买比特币，而卖家则可能去门头沟交易所出售比特币变现。

由于门头沟交易所的美国银行账户被冻结，也没有其他银行再愿意接手门头沟的业务，2013 年 6 月，马克不得不宣布门头沟交易所暂停提现美元。到了 2014 年 1 月，门头沟交易所的比特币价格要比别的交易所价格高出 100 美元左右，因为门头沟交易所不支持美元提现，所以只能用这些美元来买比特币，推高了比特币的价格。同年 2 月初，有些人发现门头沟交易所不光不能提取美元，就连转出比特币也似乎也做不到了，因为马克已经发现自己的比特币被黑客盗取了。他把自己的密钥写在了纸上，保存在东京不同的地方。当马克取回密钥逐个尝试时，骇然发现比特币全都不见了，大约损失了 65 万枚比特币。

2014 年 2 月 7 日，马克发出一纸申明，暂停门头沟交易所的一切提币操作，原因是比特币软件有一些漏洞，需要修改漏洞。申明一出，各交易所的比特币价格应声而落。大家都心急如焚，千方百计想从门头沟交易所拿出自己的财产，不过这似乎也不太可能了。因为在几年的时间内，马克并没有发现比特币被盗的事情，由于大多数交易只是在门头沟交易所内部进行，提币的用户并不多，所以比特币被黑客偷盗以后，门头沟交易所的钱包产生了巨大的亏空，根本没有办法满足用户提币的要求。

门头沟交易所的用户开始请律师控告门头沟交易所，法院也开始调查马克。马克宣称有黑客盗取了比特币，但也不被别人认可，很多人觉得他只是监守自盗而已。2014 年 2 月 24 日，门头沟交易所宣布暂停一切交易。2014 年 2 月 28 日，门头沟交易所在东京申请破产。2014 年 3 月 9 日，门头沟交易所在美国申请破产。

后续

门头沟交易所破产了，代表着所有在门头沟交易所存储的加密资产一夜之间消失得无影无踪。2014 年 8 月，马克被东京警方逮捕，原因和这次黑客事件没有直接关系，而是警察在调查门头沟事件的过程中发现马克把公司客户资金账户的钱转到了外部公司账户，有侵占公司资产的行为。对于这一点，马克拒不承认，随后便锒铛入狱。

两年后的 2016 年 7 月，马克支付了 10 万美元的保释金才得以出狱，他整整瘦了 70 斤，原来"法胖"的昵称已经不再适合他了。

2017 年 7 月，美国 FBI 在希腊逮捕了一个犯罪嫌疑人，据称他就是盗取门头沟交易所比特币的黑客。不过，由于门头沟交易所财务管理混乱，很难确定有多少比特币是黑客盗走的，又有多少是马克监守自盗的。毕竟从比特币火爆之后，门头沟交易所的黑客攻击事件就没有中断过，有一些损失都是由马克他们拆东墙补西墙地掩藏了。

2018 年 8 月，门头沟公司宣称已经开通了在线理赔系统，可以为投资者提供在线理赔服务，只需要在 2018 年 10 月 22 日前进行登记就可以，具体的理赔工作从 2019 年开始。

13 地下网站"丝路"

任潇潇：听了树哥的讲解，我才对交易所有了一些认知，没想到交易所的网站在比特币的发展历史上起了如此巨大的作用。

树哥：除了交易所网站，还有一些地下网站对比特币的发展也起了巨大的作用，尽管我并不喜欢这类网站，而且有些网站在法律方面也存在问题。其中比较有名的是"丝路"网站。

建立"丝路"网站

故事的主人公叫罗斯·乌布利希（Ross Ulbricht），1984 年 3 月 27 日出生于美国奥斯汀地区。他于 2006 年获德克萨斯大学物理专业学士学位，2009 年又拿到宾夕法尼亚州立大学材料科学和工程学硕士学位。

2009 年，罗斯毕业之后返回了他的家乡奥斯汀，一向是个好学生的罗斯，毕业之后似乎不太顺利。他尝试找一份喜欢的工作，但屡屡遭拒。所以他想自己开办一家公司，于是启动了一家视频游戏公司，却很快就失败了。走投无路，罗斯只好开了一家二手书店谋生。

2010 年，罗斯在一个论坛上看到了比特币，立刻就被比特币深深吸引。他仔细研究了比特币之后，认定比特币是匿名交易的最好方式。他思来想去，最后认为商业网站是个不错的选择。普通的商业网站已经面临巨大的竞争，而且也不会用到比特币的匿名特性，但如果在网上出售一些通常不容易买到的物品的话一定有市场，而且可以利用比特币的匿名特点保护买家。

但仅凭比特币的匿名交易还不行，因为所有通过网络的交流都会留有一定的痕迹，最重要的痕迹当属 IP 地址了。每个电脑都有 IP 地址，如果在网络上交易时电脑 IP 地址泄露的话，那么这一笔交易也不安全。不过这个难不倒罗斯，他很快找到一项叫"洋葱路由器"的新技术来隐藏上网的 IP 地址。

洋葱路由器（The Onion Router，TOR）是 20 世纪 90 年代美国海军研发的一种专门保护美国军方通信的技术。洋葱路由器的具体原理是：在全球建立 7000 多个中继路由节点，任何 TOR 用户的访问请求都会随机选择中继节点，每个节点都会将信息进行多次加密然后转发，以隐藏用户的源 IP 地址，避免网络监测和流量分析，让 TOR 用户浏览的信息、发布的帖子和通信消息都难以追踪。这个技术叫洋葱的原因是：如果要追踪它的通信，就需要一个节点接一个节点，像剥洋葱那样一层一层查找，不过由于每个节点都有多层加密，破解者往往无功而返。如果搭建的是洋葱网站，那么用户的所有信息都会被隐藏，比较安全。我们常见的网站是以".com"".net"等结尾，而洋葱网站则以".onion"结尾。

罗斯建立的就是一个洋葱路由网站，采用匿名注册方式，交易双方通过比特币来进行交易。2011 年的 1 月，他的"丝路"网站上线了，网站网址是：

"丝路"网站实现匿名的方式

http://tydgccykixpbu6uz.onion。为了推广他的网站，他在比特币论坛中发了一个广告：有人听说过"丝路"吗？它有点像匿名交易的亚马逊。除了毒品外，这上面好像什么都有。

为了建设这个网站，他把自己宾夕法尼亚州的一处房子卖掉，得到了 3 万美元。经营一个网购平台，最重要的是要有卖家，"丝路"网站初期没有卖家入驻，所以罗斯就自己当卖家。

逐渐火爆

没几天，"丝路"网站就有了更多的注册用户，不论是买家或者卖家，他们最担心的几个问题都被罗斯很好地解决了。例如：

他们担心留下网络 IP 痕迹。

网站是搭建到洋葱路由器上的，可以隐藏所有买家、卖家的 IP 地址，比较安全。

他们担心留下交易痕迹。

推荐使用比特币交易，因为比特币只显示公钥账户，而没有个人信息。所以在比特币区块链中虽然可以看到不同地址之间的转账信息，但是不知道这些地址属于什么人。

他们担心留下包裹地址。

推荐使用匿名邮箱或者第三方邮件托管服务，这样不会泄露买方的地址。

买方担心付了款但收到的货不达要求。

罗斯的"丝路"网站充当中介，买方会先将比特币支付给罗斯，直到买方确认收到货之后，罗斯再把比特币转给卖家。如果发现卖家有出售假货的行为，网站就会立刻对卖家进行封号。

2011 年 3 月 16 日，比特币已经进入了公众视角，很多人开始讨论比特币。有个电视节目在聊比特币，主持人说："大家知道什么是比特币吗？是一种电脑网络上的货币？天知道这个东西有什么用，因为没有一个国家会认可这些。老百姓也不会用它，因为它只是电脑上的一串数字而已。"

有人反驳，在"丝路"网站可以使用比特币进行交易。由于电视节目的介绍，"丝路"网站很快就因为上网用户太多而宕机了。这次事件反而导致"丝路"网站知名度大增。更重要的是，"丝路"网站突然让大家意识到比特币其实有广泛的应用场景。最起码，很多不希望别人追踪交易的人期望有这样一套匿名交易系统。很多人对比特币的用处有了全新的认识，认为比特币或许不是"庞氏骗局"，毕竟有真实的使用需求，即使普通人不适用，但那些从事私下交易的人却需要。

"丝路"网站出名了，越来越多的人开始注册，罗斯会从每笔交易中收取8%~15%的交易手续费。"丝路"网站的注册用户很快就达到了1000人，流量过大导致网站频频宕机，一些黑客也会时不时来凑热闹，罗斯只好重新写网站的代码，解决各种各样的问题。为了修改网站，他把"丝路"网站关了几天，结果比特币的价格立刻跌了下来，修改过的网站终于上线了，比特币的价格又应声而涨。

2011年6月1日，"丝路"新网站上线没几天，一个新闻网站写了一篇关于"丝路"网站的深度报道，结果导致"丝路"网站和比特币都立刻火爆起来。"丝路"网站每天的注册用户就达几千人，而文章发布当天，比特币的价格立刻疯长，很快突破了10美元，之后又很快突破了15美元。

危机来临

然而，名声大噪未必都是好事。2011年6月5日，纽约州的一位参议员召开了一场大型的记者招待会。他强烈要求取缔"丝路"网站，声称"丝路"是无耻的商家，这样的网站是罪恶之源，是各种犯罪行为的滋生地。当谈到比特币这种新兴的加密货币时，他说比特币目前主要用于洗钱、买卖毒品或违禁品、隐藏交易，反正没有起任何好的作用。

这位参议员的话被各种媒大肆引用，但这反而引起人们更大的兴趣，让更多人知道了比特币。比特币的价格立刻攀升到30美元，比半年前增长了6000倍。"丝路"的注册用户也迅速突破万人大关。罗斯害怕了，暂时关闭了"丝路"网站，他在比特币论坛中说，比特币的优点已经被大家所熟知，而他的"丝路"网站已经完成使命，不能再在聚光灯下，因为这实在是太危险了。

显然，放弃这个生金蛋的金鹅并不容易，罗斯每个月都有好几万美元入账，而且这个数字还在不断攀升。罗斯不知道自己接下来还能做什么，运营"丝路"网站很刺激，也让他有很强的成就感。所以，没有过多久他就重启了这个网站，只不过这次他限制了新用户注册。这样可以减轻服务器的压力，更重要的是不让网站扩展，以防把警察招过来。

知道他做这个网站的人不多，他的前女友是其中一个。2011 年 11 月，他的 Facebook 上收到一条消息：我相信政府对你经营的地下网站会很感兴趣。这是他前女友的闺蜜发来的。罗斯看到这句话后霎时脸色苍白，立刻把消息删掉，并拉黑了那个女人。不仅如此，他开始在网络上进行大规模的删帖行动，把凡是自己曾经留有痕迹的帖子全部删掉，并移居到澳大利亚的悉尼，不和任何人说他的网站，当有人问他做什么工作时，他都会说做比特币交易生意。

然而罗斯不知道的是，美国马里兰州巴尔的摩市的国土安全局已经注意到了他，并开始了对他的调查。警察甚至已经伪装成客户从"丝路"网站小批量地购买违禁品。

2012 年初，"丝路"网站已经为 11 个国家的卖家提供服务。这些国家的卖家甚至可以提供送货出国的服务，每笔交易都会有一至五级的评分，虽然所有的卖家和买家在网站上都是匿名的，但他们注册的网名都可以显示每个卖家的信誉评级，评级低会对卖家的生意产生极大影响。有人分析"丝路"网站，发现上面的买家有 99% 都给了卖家 5 分的最高分评级，这意味着在"丝路"网站上交易的违禁品的性价比远远超过传统渠道。

就在 2012 年 1 月，巴尔的摩市的一个毒品卖家被警察抓住。他是

"丝路"网站上生意最火的卖家之一，联邦调查局购买他的毒品，通过某种特殊手段追踪到了他，他被捕之后立刻和警方全面合作。不过，由于和他交易的人留下的全是比特币的地址，他并不知道这些比特币地址为谁所有，但最起码警方有了一些线索。

追捕

2012 年 3 月，巴尔的摩市的国土安全局和其他的联邦机构成立了一个联合调查组，专门调查"丝路"网站。他们指定一个联邦警探化名为 NOD，进入"丝路"网站搜集信息。

而罗斯并不知道这些，"丝路"网站越做越好，他雇了几个人做网站的维护和行政工作，当然这些人也匿名，罗斯每个月用比特币给他们发工资，却不知道他们的真实身份。在"丝路"网站的论坛上有 7 万多条帖子，有人做义务安保专家，教大家如何隐藏身份。不久后的一件事让罗斯开始警觉，澳大利亚警方通过追查交易的方式追查到第一批"丝路"网站的卖家。有个"丝路"网站的用户也用同样的方法追查到了"丝路"的一个钱包地址。

追查比特币的地址相对简单，因为比特币的交易和地址都公开在比特币网络上。每一笔转账都是由一个比特币地址转移到另一个地址，而交易是通过"未花费"的交易支出组成，这意味着可以从一个地址的输入追查到上一个地址，从追查到的地址也可以进一步找到给它转账的地址，这样就可以把这些地址一个接一个地列出来。当然，这些地址都是匿名的，但如果某一个地址进行过实名绑定的话，那么这个链条就会暴露出来。例如，某一个地址在一个实名交易所使用过，通过这个实名交易所大家就知道这个地址属于某个人，然后可通过某些交易特征来寻找这个人的所有比特币地址。

2012 年 11 月，有黑客找到罗斯，声称必须给他 2.5 万美元，否则他就公开"丝路"网站的用户数据和信息，罗斯不得不妥协。罗斯感觉到越来越危险，他跑到加勒比海的岛国多米尼加办了一本护照，以备不时之需。

此事让"丝路"网站上的用户开始讨论，在"丝路"网站中哪些人会是警察的卧底。很多人认为一个叫"NOD"的用户应该是，因为他发布出售1千克违禁品，却没有任何评论记录。但罗斯却很信任他，因为他们已经在网络上有长达一年的交流。最开始NOD说要买下罗斯的"丝路"网站，罗斯拒绝了。这之后他们成了朋友，交流很多。只是罗斯并不知道这个NOD是警察而已。

罗斯决定帮助NOD卖出他的违禁品，罗斯安排了一个网络服务人员服务NOD。这位网络服务人员让NOD先把违禁品转寄到他的家中，他再帮忙转寄。当然，警方很容易就抓住了这名网络服务人员，并把他收编之后释放。

罗斯没有怀疑NOD，却很怀疑他的网络服务人员为了钱而犯了错误。他也担心这名网络服务人员把自己知道的信息出卖给警察，所以他请求NOD帮他干掉这名网络服务人员。化名为NOD的警察立刻就答应了罗斯的要求，并且制造了一些血淋淋的虚假照片发给罗斯，要求罗斯支付相应的报酬。不久，NOD的账户中就收到了8万美元的"酬金"，不过这笔钱是通过澳大利亚的一个匿名账户转过来的，还是无法确定罗斯的身份。

除了被警察紧紧盯上之外，其他人也紧紧盯着"丝路"网站这块肥肉，从2013年开始，不同的黑客开始攻击网站并进行勒索。某个黑客攻击网站，罗斯支付了35万美元。某个人宣称要曝光"丝路"网站上的用户数据，罗斯在"丝路"上找了一个"杀手"，出价8万美元去干掉那个人，后来又出价50万美元干掉其他几个人。这时候，罗斯已经变成一个无恶不作的歹徒。

2013 年 6 月，边防警察查到 9 本伪造驾照的包裹，通过包裹的收件地址找到了罗斯。这些驾照上的照片都是罗斯，不过地址和姓名却都不同。罗斯宣称他只是在"丝路"网站上买了这些假驾照而已，因为边防警察并不知道"丝路"网站专案组的事情，所以让他轻易躲过了一劫。

但这样的好运并没有持续多久。2013 年 9 月，罗斯听说美国联邦调查局现在已经有能力破解洋葱路由器并获得用户 IP 了，于是就很小心，每次登录网站都会更换 IP 和中转的服务器，但他不知道他的身份已经暴露了。虽然罗斯很早就删除了自己在网络上发的信息，不过有一条信息被别人回复过，所以留在了那个人的信息中。联邦调查局搜索到了这条信息，更重要的是，这条信息是罗斯 2011 年发的一个广告帖子，里面留着他的邮箱，而且是非匿名邮箱。

2013 年 10 月 1 日，罗斯来到旧金山公立图书馆，准备登录"丝路"网站处理业务，很快就被跟踪他很长时间的联邦探员按在了桌子上。此时，"丝路"网站上显示：2500 多笔订单正在处理。经过两年多的追踪，联邦探员终于抓住了罗斯。

2013 年 10 月 2 日，罗斯被指控数项罪名，每一项罪名都能让他把牢底坐穿。而"丝路"网站上则显示着 FBI 的徽章及一行大字：本隐私网站已被捣毁。

后来

"丝路"网站并没有因罗斯的被捕而消失，毕竟有很多人发现了它的赚钱能力。2013 年 11 月，又一个叫"丝路"的网站出现了，经营内容和原来的"丝路"网站并没有什么不同，大家称之为"丝路 2.0"。然而，"丝路 2.0"的创始人并没有逍遥多久也被 FBI 抓住了，这是一位火箭专家。历史很快重演，"丝路 3.0"又上线了。

对于很多关心比特币的人而言，"丝路"网站被打击是一件好事。

有很多人宣称比特币就是犯罪分子的帮凶，因为需要匿名交易的人大多是一些不法分子，普通大众可能没有那么关心自己的隐私是否被美国政府所掌握。"丝路"这样的地下网站被关停，无疑对维护比特币的名声是有利的。也有人给比特币进行了"正名"，他们验证"丝路"网站上的比特币交易量只占比特币总交易量的 4%。换句话来讲就是，"丝路"网站并不是比特币的主要应用场景。

事实也证明了这一点，"丝路"网站被关的当天，比特币的价格从 140 美元大跌到 110 美元，但几天之后比特币价格就涨回 130 多美元。联邦调查局的起诉书中的一句话也验证了这一点：比特币本身合法，可以合法使用。

任潇潇：虽然"丝路"对比特币的发展有促进作用，但带来的隐患更大。期待比特币能多地应用在合法领域。

树哥：你说得对。在比特币发展的早期，中本聪他们就确定了比特币的应用要尽量少和政治挂钩，不和非法经营相关，这些对比特币并没有任何好处。只是比特币作为一个去中心化的网络，它并不能控制自己会被什么人所使用。

任潇潇：现在比特币还是一些地下网站的主要交易工具吗？

树哥：不完全是。比特币的匿名性不是完全匿名，只要比特币地址曾在一些实名的地方出现过，就有可能会被顺藤摸瓜，找到真实的持有人。在比特币之后，出现过几个专门的匿名货币，如门罗通证、大零通证等。可以这么理解：如果 A 向 B 转移 5 个通证，那么系统会从 A 收回这 5 个通证并销毁，然后产生 5 个新的通证转移给 B。这样一笔转账就不会把 A 的账户和 B 的账户关联起来，从而实现匿名。

14 比特币网络挖矿的故事

任潇潇：前面几个故事中其实都只有很少一部分人参与了比特币，难道比特币没有被推广到大众吗？

树哥：如果没有普通大众的广泛参与，那就根本谈不上社会化试验，也达不成共识。说到普通人参与区块链，我觉得除了在交易所买卖比特币之外，最大的一个比特币应用群体就是挖矿群体了。从事挖矿的人有可能不少于用比特币进行交易的人。挖矿行业其实也是普通人合法进入比特币行业的主要渠道之一。

比特币是一个去中心化的 P2P 网络，所以转账交易信息要保存在所有计算机节点上。比特币系统规定每过 10 分钟就会选出一个区块生产者，由它进行记账并把记账的小账本（区块）广播到全网，大家都保存。所以，区块链生产者必不可少。

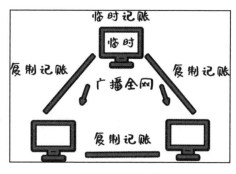

比特币记账方案

挖矿就是区块生产者是通过算力进行竞争的过程：每个计算机都把上一个区块的数字指纹和一个随机数（任意字符）进行哈希计算，如果结果满足要求则是找到了正确的随机数，如果结果不符合就更换随机数继续计算。整个计算过程就是不断尝试的过程。

最先找到正确随机数的计算机就被确定为合法的区块生产者，可以产生区块，同时可获得区块奖励的比特币。开始是每区块奖励 50 个比特币，每过 21 万个区块后奖励会减半，变成 25 个、12.5 个，直到 2140 年比特币全部产生完成。

任潇潇：还有两个问题，比特币网络通过什么方式来给区块生产者，也就是挖到矿的计算机奖励？比特币网络每 10 分钟产生 1 个区块，计算机越来越快，会不会产生区块的速度也越来越快？

树哥：这两个问题可以合并成一个问题回答。每个区块生产者，也就是挖到矿的矿工，他们有资格打包区块，在区块头中有三个参数非常重要。

第一个参数就是奖励地址，他们需要填入自己的比特币地址。这样区块在产生的时候就会产生一条交易，把奖励发到这个地址中。

第二个参数就是随机数：他们需要把自己找到的那个正确的随机数填写进去，这样其他计算机就可以验证这个随机数，如果没有问题，这个区块就是合法区块。

第三个参数叫难度值。这是系统控制的一个参数，就是要保障 10 分钟左右才能选出区块生产者。随机数和上一个区块的哈希值是以若干 "0" 开头的一串字符，"0" 越多就代表越难达到，需要尝试的次数也越多。当系统觉得难度太低，就会增加难度；如果觉得难度高就会降低难度，要保障大约 10 分钟产生一个区块。不过这个难度调整是每产生 2016 个区块调整一次，大概在 2 周左右。

在比特币网络上挖矿的周期和比特币的区块产生周期是一致的，所以有时候我们也会说比特币出块奖励，意味着每 10 分钟会产生一个区块，也会产生一次比特币奖励。需要注意的是：10 分钟出块时间是目标值，实际中时间有可能会略短或稍长；出块时间短于 10 分钟，则代表寻找随机数的难度太低，需要提高难度；出块时间长于 10 分钟，则代表寻找随机数的难度太高，需要降低难度；每过 2016 个区块就要根据这段时间内出块的平均时长来调难度。

竞争的本质就是算力竞争，挖矿的过程就是整个网络算力不断提高的过程。

第一代挖矿

第一个在比特币网络上挖矿的人，毫无疑问就是中本聪。2009 年 1 月 4 日，第一个区块产生了，就代表着第一个区块的 50 枚比特币被中本聪挖到了。

当时挖矿很简单，只要电脑上运行着比特币软件，软件上有一个选项：生成比特币。选择这一项之后，电脑就开始全力以赴地进行哈希运算，去寻找一个正确的随机数。而在整个比特币网络上同时选择这个选项的电脑就成了竞争对手。如果有两台电脑，那么谁先找到随机数谁就可以生产区块，并获得比特币网络的奖励。如果有 100 台电脑，那竞争的难度就提高了 100 倍。

在挖矿的过程中，有更快的计算算力，就会有更大的机会。所谓计算算力，就是每一秒钟进行哈希运算的次数，即 Hash/s，次数越多计算能力就越强。例如 1KB hash/s，就是每秒钟进行了 1024 次哈希运算。其中，KB 是计算机内数字的简化用法，基本是以 1024 倍为基础，除了 KB 之外还有 MB、GB、TB、PB 等单位。具体为：1KB=1024，1M=1024KB，1GB=1024MB，1TB=1024GB，1PB=1024TB。当时的电脑算力大约在 200MB Hash/s，也就是说，CPU 大约每秒钟进行 200MB 次哈希运算，也就是每秒 2000 多万次哈希运算。

第二代挖矿

2010 年早期，拉格洛·汉耶兹开发了 Mac 版本的比特币软件，为了测试比特币网络的稳定性，他尝试使用显卡上的 GPU 进行挖矿。

哈希运算就是把一串信息转化为固定长度的随机数，运算出的哈希值也往往被称为"数字指纹"。这样的运算几乎都是独立并发的整数运算，进行图形运算的 GPU 可以轻而易举实现数百线程的整数运算，而 CPU 则相差甚远。所以，拉格洛很快就成了全网算力最大的矿工，挖走了大量的比特币。拉格洛只是为了测试比特币网络的安全性，但之后这个方法就被很多人学会了。甚至有人把 6 个显卡或者 8 个显卡组装在一台电脑机箱中，做成一个专门挖矿的机器。

第三代挖矿

从 2011 年 6 月开始，有一种名为 FPGA 的机器出现了，且涉足比特币挖矿行业。简单来说，FPGA 就是半编程定制电路，电路板可以现场编程使用，比原先的固定电路板更具灵活性。这是比特币历史上第一次专门针对挖矿而出现定制电路。

做 FPGA 矿机的人中有一位比较知名——"南瓜张"。开始他只是为一些美国人定制 FPGA 矿机，但随着对行业了解的深入，他决定自己开公司专门制作和销售矿机。

2012 年 6 月，有一家专门生产比特币矿机的美国公司——蝴蝶实验室，声称要生产一种 ASIC 集成电路式的矿机，其算力将会远远超过当前的矿机，从当日起，蝴蝶实验室开始接受预订 5GH/s、25GH/s、50GH/s 三种算力的矿机，预计 2012 年 9 月交货。一时间，订单向雪片一样从全世界飞向蝴蝶实验室。

很多想做矿机的厂家都开始焦虑，不过事实证明他们有点过虑了，因为蝴蝶实验室的蝴蝶矿机一直在跳票，发货时间也一拖再拖，最终直到一年后的 2013 年 6 月 4 日，最低档的 5GH/s 矿机才开始小批量发货，两个算力更高的矿机根本遥遥无期。而这时候，几个中国厂家的矿机早已上市，抢占了市场。

就在蝴蝶实验室宣布接单的两个月后，一位来自中国湖南邵阳的，名叫"烤猫"的比特币先行者在深圳也开始了烤猫矿机筹划。2013 年 2 月 18 日，12.8GH/s 的烤猫矿机开始上线挖矿。

另一个中国矿机厂家是由"南瓜张"创立的嘉楠耕智公司，其研发了阿瓦隆矿机，并在 2012 年 9 月销售 200 台，2013 年 2 月销售 600 台，2013 年 3 月销售 600 台。这些矿机数量有限，但每台矿机每天却可以挖出 20 万元的比特币，一时间无数人疯狂抢购，矿机曾经被炒到 25 万元一台。不过，之后嘉楠耕智突然宣布不再销售矿机了，转而销售制造矿机所需要的芯片。

由于当时蝴蝶矿机还在跳票中，而"南瓜张"的阿瓦隆矿机虽然算力极高，但在整个市场上也不到 2000 台。所以到了 2013 年 5 月，烤猫矿机的算力大且集中，估计已经超过全网 51% 的算力，连续 2 月引起比特币社区的担忧。所以，烤猫矿机决定将自己的矿机算力保持在全网 20% 的算力之内，超过 20% 算力的矿机都对外出售。

到 2013 年 12 月，比特大陆公司生产的第一代蚂蚁矿机面世，就此开启了各家矿机混战的时代，蚂蚁、KMC、阿瓦隆、蝴蝶、芯动多家矿机品牌研发 28nm 级芯片矿机。此时，烤猫矿机研发受阻，其矿机算力仅占全网算力的 4% 左右。矿机市场的竞争进入了白热化阶段。

2015 年 1 月，烤猫消失。比特币从最高 1100 美元下滑到 200 美元，跌入寒冬。整个挖矿行业哀鸿遍野，挖矿收益远远赶不上付出的电费，而矿机公司则一家接一家地倒闭。只有比特大陆一家公司还在不断研发迭代矿机，终于成为经历寒冬后胜出的王者。目前，比特大陆的矿机占全部矿机份额的 80% 左右，比特币大陆自己的矿池也有超过 51% 的比特币总算力。

第四代挖矿

所谓的矿池挖矿并不能完全算是第四代挖矿技术。因为矿池技术早在 2010 年 12 月就产生了，矿池挖矿只是一种联合挖矿的形式。2010 年 12 月，有一位昵称为 Slush 的程序员开通了第一个比特币矿池 Slushpool。Slush 创办了位于捷克布拉格的中本聪实验室这家公司，除了运营比特币矿池外，这家公司还运营了比特币的硬件钱包业务。Slushpool 一直是全世界矿工的主要选择，直到 2013 年中国国内矿池鱼池 F2pool 诞生，情况才有所改变。

随着矿机的升级，矿工越来越多，而每十分钟只有一个矿工会成为幸运儿，其他人都颗粒无收。如何提高挖矿效率并保障收益稳定性，进而共同对抗风险就是一个值得研究的问题。于是，矿池应运而生。矿池的原理是：大家联合挖矿，挖到的比特币按照算力进行分配，从而让矿工的收益趋于稳定，减少风险。如果矿工算力占整个矿池的 1/100，当矿池挖到 100 个比特币时，这个矿工可以分得 1 个比特币。在这种情况下，只会评估矿工的算力在总算力中的占比，即使算力比较低的矿工也可以获取一些收益，而不像原来，算力低可能一点机会也没有。目前，挖取比特币的数量排名靠前的矿池有 BTC 矿池、蚂蚁矿池、鱼池、Poolin、Slushpool 等。

任潇潇：我大概明白了。矿机主要有三代，显卡矿机、FPGA 矿机、ASIC 矿机。挖矿方式有四种，CPU 挖矿、GPU 挖矿、专用矿机挖矿、矿池挖矿。那在挖矿行业中，矿工应该是最赚钱的人吧？

树哥：并不是。你听过李维·施特劳斯的牛仔裤的故事吗？1848

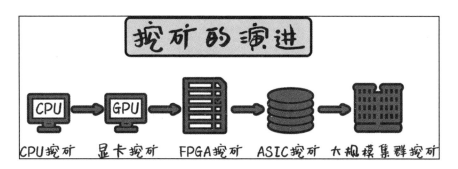

年，美国加州发现黄金，大批人涌入加州开始淘金，而李维·施特劳斯却没有加入淘金大潮，而是给这些淘金的人发明了便于淘金的裤子——牛仔裤，最后他成了淘金热潮中的大赢家。这种状况其实在挖矿行业中也普遍存在。

在挖矿行业中，矿工其实在产业链的最低端，而矿机生产厂家不仅占据主导地位，而且在熊市中也有成本优势。2018 年 4 月，摩根士坦利分析师研究出各类比特币矿工的挖矿成本，测算出了散户矿工、大型矿池和矿机生产商的盈亏平衡点。研究发现，矿机厂商会在比特币价格为 5000 美元左右时保持不亏的状态，而大型矿池的盈亏平衡点是在 8600 美元，散户矿工的盈亏点是 1.02 万美元。换句话来说，在大型矿池和散户矿工都赔本的情况下，矿机厂商有可能仍然在盈利。

另外，比特币挖矿的重大成本之一就是电费。由于比特币挖矿时矿机需要进行大量计算，所有的矿池都需要大量电力来支撑运算和帮助矿机散热，但本质上这些计算除了抢出块权之外毫无用处，这也是比特币挖矿被很多人诟病的根本原因之一。

15 1480 亿枚比特币

比特币是一条区块链

树哥：比特币区块链是一条由一个个的区块按照时间顺序组成的链条，随着时间的推移不断延伸。如果当前为第 1000 号区块，那么再过 10分钟就会产生第 1001 号区块。到目前，比特币网络已经产生了几十万个区块了。

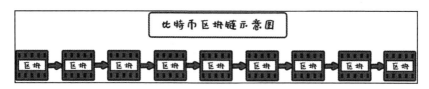

比特币区块链是多条一模一样的链

比特币网络中有很多计算机节点，每一个节点上都有一条链，而每个链都是一个个区块按照时间顺序排列出来的。每一个区块都是记账节点存储记账信息的数据块，上面有时间戳。当这个区块被广播到全网，其他节点验证这个数据块后，会把它放在自己这条链的最后。依此类推，成千上万节点上的区块链在一个区块接一个区块地不断同步增加。

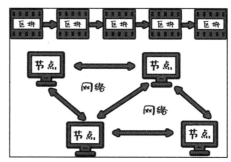

区块链网络

正是这成千上万条一模一样的、不断增加的区块链才保障了区块链的不可篡改性。在中心化网络，只要黑客攻破中心节点的防护，就可以肆意修改数据；而在区块链网络中，只有在同一时间把全网 51% 以上节点的数据改掉才有可能篡改区块链数据，这基本上是不可能的。

最长链原则

假设全网 100 个节点保存着同 1 条链，而另外 1 个节点保存了另外 1 条链。由于 100 个节点保存的链集中了全网大部分算力，所以就形成了一个最长链，被全网所有节点认定为"合法链"，所有新加入的节点或者缺少部分区块的节点都会从这条合法链上下载数据。

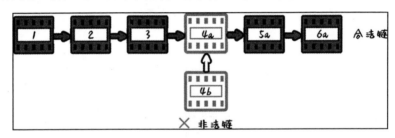

短的链条就是非法链

节点（算力）在哪一条链上挖矿，或者说节点（算力）保存了哪一条链的数据，就相当于给这条链投了票。如果自己投票的这条链被证明不是最长链，那就应该抛弃当前的非法链，选择网络上大多数节点（算力）保存的合法链。所有网络的节点只需要遵守"最长链原则"，就会把全网所有的算力都集中在合法链上，可以抵御各种各样的风险。

理解了"最长链原则"我们就可以了解 1840 亿枚比特币的故事了。

任潇潇：比特币总量是 2100 万枚，怎么会有 1840 亿枚呢？如果比特币总量真的从 2100 万枚增加到 1840 亿枚，那比特币肯定会贬值吧？

树哥：比特币总量就 2100 万枚，这是写定在比特币软件中的。这个软件同时运行在所有参与比特币网络的计算机中，这样就保障了任何人都不能随意修改软件，当然也不能变更比特币的总量。

但这并不代表比特币软件没有漏洞，恰恰是有黑客利用了这个漏洞，从而生成了 1840 亿枚比特币。因为这些比特币也是由比特币区块产生的，所以它们理论上也"合法"，如果这些比特币流入市场的话，那么比特币原有的总量限制就无法实现了，等待比特币区块链的估计也只有死路一条。

1840 亿枚比特币从何而来

树哥：2010 年 8 月 15 日，有核心维护人员骇然发现比特币区块链在第 74638 个区块出现了错误，黑客利用程序漏洞生成了 1840 亿枚比特币。此事非同小可，他立刻汇报给了中本聪。

大家讨论后觉得需要解决两个问题：①修补软件漏洞。②解决新生成的 1840 亿枚比特币。

修补软件漏洞很简单，发现问题之后中本聪团队仅用了两个多小时就已经修补了漏洞，并上传了新的软件。

解决新生成的 1840 亿枚比特币至少需要三步：

第一步，让矿工下载新版本的比特币软件。

第二步，让运行新版本软件的矿工从错误区块第 74638 之前重新挖矿，产生一条新的链。

第三步，让这个新的链成为最长合法链。

第一步和第二步是同一个问题，只要矿工愿意更新软件版本，软件就会自动从错误的第 74638 区块之前开始重新挖矿。这就意味着升了级的节点重新从第 74637 个区块开始挖矿，进而产生正确的 74638b 区块。

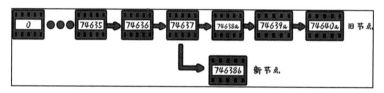

从第 74368 区块重新挖矿

这时候，比特币网络上就存在着两种挖矿节点：

一种是运行有漏洞版软件的旧节点继续挖矿，将原有区块链上的区块简单称为 74638a，74639a……

另一种是运行新版软件的新节点从第 74637 区块后重新挖矿，生成新的 74638b 区块。

因为旧有的节点一直在不断产生区块，而新有节点从 74637 开始重新挖矿，所以如果按照区块链"最长链原则"，当前旧有软件节点产生的链条长于新版软件节点，所以旧有的链条属于合法链。也就是说，如果有新的节点加入，它还是会从旧有节点上获取区块链数据。

如何让新的链条超过旧的链条而成为合法链

树哥：这又不得不回到比特币区块链的"出块时间"这个重要概念了。

比特币区块链的目标是每 10 分钟出一个区块，但实际的出块时间则可能多于或少于 10 分钟。只有找到随机数才有机会出块，如果全网的算力正好保障整个网络找到随机数的时间是 10 分钟左右的话，只要大部分算力能集中在新的链条上，那么新链的出块速度就会加快，可能 10 分钟之内就可以找到随机数进行出块，而旧有链条算力很小的话，找到随机数的速度就会变慢，可能花两个小时才能找到随机数。只有这样，新的链条才有可能追上旧有链条，成为最长的合法链。

幸好当时比特币的价格并不高，而且参与挖矿的人大多是比特币的支持者，所以当中本聪在比特币社区号召大家都更新软件，并在第 74637 区块开始重新挖矿的时候，很多参与挖矿的矿工都积极响应。

当时整体算力不高，总体节点数量不多，随着越来越多的节点升级了新软件，算力逐渐从错误链条向新链条转移，旧有链条出块速度越来越慢，而新有链条出块速度在加快。这样新链条就在第 74691 个区块追上了旧链条，成了最长的合法链。旧链条逐渐没有了算力，最终荒废了。

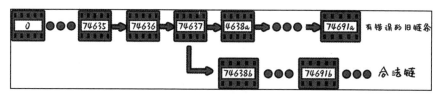

在第 74691 区块新链条追上旧链条

任潇潇：真没想到，原来比特币还遇到过这么危险的时刻，如果当时没有很好地处理，那么比特币很可能就完了。

树哥：幸好当时矿工数量非常少，而且他们大都是比特币的支持者，所以才能化险为夷。现在如果发生这种事，那对于比特币来讲无异于灭顶之灾。

硬分叉和软分叉

任潇潇：刚才你说旧链条没有算力就不再增加了，如果旧链条上的算力没有消失，还在不断增长，那会怎么样？

树哥：如果算力最终还会被集中在其中一条链上，那么短暂的分叉不会对比特币区块链造成实质性影响，所以我们一般称之为"软分叉"，相当于虽有过分叉，但最终依然是一条链，算力也没有损失。而你说的这种情况是所有区块链都要竭力避免的一种情况，因为在这种情况下就形成了两个链条，节点（算力）不可避免地都会站队，被分散到两个链条，这样的分叉本质上会对比特币区块链造成深刻伤害，我们一般称这种又拆分出新链条的分叉为"硬分叉"。

- 算力最终集中在一条链上：软分叉。
- 算力最终分散到两条链上：硬分叉。

任潇潇：这样的硬分叉真的发生过吗？

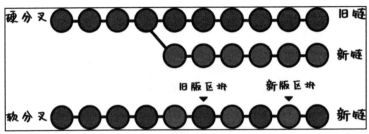

软分叉和硬分叉

树哥：硬分叉发生了可不止一两次，我先给你说一次非常知名的硬分叉事件，正是因为这次的分叉而产生了一条新链条，新链被称为 BCH 区块链。

16　比特现金的产生

树哥：其实比特币有很多山寨币种，有一些就是从比特币网络上分叉出来的。如果说这些从比特币网络分叉下来的币种是比特币的儿子的话，那我们先来看一看比特币的第一个儿子——比特现金 BCH 的故事。

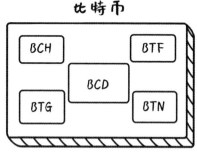

比特币和它的儿子们

BCH 的产生

比特币的名气越来越大，越来越多的人开始购买比特币，所以使用比特币转账的人也就越来越多。在这里需要说明一点：用比特币转账需要交转费，但转账费用不是固定的，而是转账的人自己设定的。

这听起来不可思议，其实这也是中本聪的无奈之举。

按中本聪最初的设计，专门做区块打包的矿工的主要收益就是比特币的系统奖励，但比特币总数只有 2100 万枚，越到后面越少，怎么办？后来中本聪补充规定，每个区块中所有交易产生的手续费都归打包这个区块的矿工所有。

所以矿工实际上就有两笔收益：①系统出块奖励；②本区块的交易转账费用。也就是说，如果一个矿工获得了打包区块权后，就可以得到系统给的出块奖励和本区块内所有交易的

手续费。

可以预想两个结果：①因为出块奖励每 21 万个区块减半，所以出块奖励会越来越少，直至没有；②使用比特币转账的用户越来越多，所以转账费用会逐渐成为矿工的主要收入。

这就是中本聪没有把转账费用设置成零的原因，否则，当出块奖励越来越少时，矿工的收益该如何保障呢？还有另外一个原因：避免垃圾转账交易占用有限的网络资源。

中本聪为什么没有设置固定的转账费用？

因为比特币网络的发展无法估计，如果设置固定转账费用的话，一旦外界环境有变化，则很难调整。而设置成灵活的转账费用，就由经济规律起作用，转账费用会根据不同的外界环境自动调整。

为什么说经济规律可以影响转账费用呢？因为任何人在用比特币转账时都可以自己设置转账费用，最小为零，最大不能超过转账的总金额。

那大家岂不是都会设置比较低的转账费用了？甚至可以设置为零。

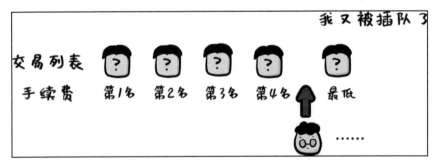

总被插队的低转账费转账申请

当然可以设置比较低的转账费用，不过比较低的转账费用代表着转账速度会比较慢。因为每个矿工都有一个待处理交易池，所有的转账申请都会在矿工的待处理交易池中排队等待打包，排队的原则并不是按时间先后，而是按转账费用的高低，转账费用高的排在前面，转账费用低的排序靠后。所以，转账费用低的转账申请可能总被"插队"，需要很长时间才能转账成功。

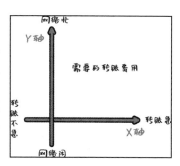

网络状况、需求着急与否和转账费用的关系

这样就会形成一个经济模型，当网络空闲的时候，就可以用比较低的转账费用转账，甚至零转账费用也有可能会转账成功；但当网络比较忙的时候，就必须使用相对高的转账费用转账。换个角度来说，如果转账的人很着急，就要支付高一点的转账费用。这一切都是靠"转账市场"来自动调节，在我们使用钱包转账时，钱包一般会有一个转账费用建议。

设置一个灵活的转账费用，可以用经济手段鼓励大家在网络闲的时候使用网络，通过转账费用来区分用户转账的急迫程度。

出现问题

使用比特币转账的人越来越多，比特币网络根本就没有闲的时候，越来越忙，越来越拥堵。

为了让自己的交易处理得快一些发，起转账申请的人就会提升交易手续费。然而他们发现，交易手续费越来越高，但交易的处理速度还是越来越慢。

比特币每 10 分钟才产生一个区块，比特币的区块大小是 1MB 左右，每笔交易至少 250 个字节，所以理论上每个区块最多可以存 4096（1024KB/0.25KB）

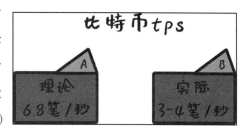

笔交易。也就是说，比特币区块链一个区块的理论交易总数量为 4096 笔，一个区块的时间为 10 分钟（600 秒）。所以比特币的理论 TPS[①] 是 6.8 笔交

---

① TPS，即 Transaction per Second 缩写，指每秒钟处理的交易数量。

易（4096/600），这也是我们常说比特币的理论 TPS 是 7 笔左右的缘由。实际上，区块不光要存储交易信息，还会有其他信息，而且一对一交易和多对多交易所占的字节也不同，所以比特币实际的 TPS 会低于每秒 6.8 笔，一般为 3~4 笔。

每个区块能容纳的交易数量有限，按照最理想的情况来算，最多是 4096 笔交易，假设需要等待处理的交易有 12000 笔，而且交易还在不断增加，即使不产生新的交易也得在 3 个区块内（30 分钟）才能处理完，因为所有打包交易的区块生产者都想多赚手续费，所以如果转账者想在半个小时内打包完自己的交易，那他提供的交易手续费必须在前 12000 名之内。需要说明的是，在比特币区块链中，交易需要确认 6 次之后（6 个区块）才算真正确认，所以实际的转账时间会更长一些。

每秒钟处理几笔交易根本没有办法和中心化网络每秒钟处理几十万上百万笔交易相比。所以，这个问题的核心是比特币网络本身的设置问题，而不是交易手续费的问题。

提出解决方案

这个问题越来越严重，大家就提出了不同的解决方案。比特币是一个去中心化的系统，拥有成千上万个节点，单独更改某些节点的软件没有意义，必须让绝大多数节点协商出共同的方案，大家在某个时间同时更换软件才有可能让算力集中在新方案产生的链上，从而成功解决问题。

比特币团队核心成员加文提出 BIP101 方案，方案的主要内容是：把区块扩容到 20MB，可以采用逐步扩容的方式进行。

当时中国拥有挖矿的主要算力，因为大家担心网络支持问题而对将区块扩容到 20MB 的方案不太看好，但大多数人支持扩容到 8MB 的方案。加文虽然是比特币核心团队成员，但有很多核心团队成员来自 BlockSteam 公司，他们却不同意加文的方案，又提出了自己认可的隔离见证方案。

这些方案可以简单划分为两大类：①大区块方案；②"隔离见证＋闪电网络"方案。

大区块方案就是把比特币区块扩容。当前比特币区块的大小是1MB，如果把它变成4MB或者8MB，那交易数量也会以相应倍数提高。

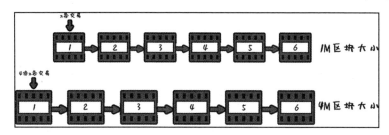

大区块方案

另一套方案简称为"隔离见证＋闪电网络"方案。比特币的每笔交易中都会带交易发起人的私钥签名信息，这个签名信息也被称作"见证信息"，把这部分信息移到别的地方，自然就会空出一些空间存储更多的交易信息。而闪电网络就类似于另外开

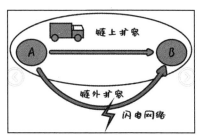

闪电网络方案

辟一些通道，避开拥堵的比特币网络，通过另外通道快速到达目的地。

针对这两套方案的争论非常激烈。

大区块方案支持者：简单易行，将区块容量改成8MB，交易数量就会立刻变成8倍，将来可以不断扩容下去。如果担心猛然扩容太大会出问题，那就先扩到2MB，逐渐扩容。初期虽然会导致硬分叉，产生两条链，但如果大家达成共识，所有算力逐渐都转到新的链条上，那么最终还会成为一条最长链。

大区块方案反对者：扩容方案过于简单粗暴，区块越来越大，会导

致对处理区块的节点要求越来越高，甚至出现中心化的风险。而且，频繁扩容分叉会损伤比特币的共识基础。

"隔离见证＋闪电网络"方案支持者：把见证拿走可以节省一部分空间，最主要的是为下一步灵活调整功能提供了条件；之后可以通过闪电网络的方式解决交易问题。闪电网络就是在比特币上搭建二层网络，由于其不需要比特币全网共识同步，所以效率会非常高，可支持大规模的小额交易。

"隔离见证＋闪电网络"方案反对者：此方案相当复杂，不知道什么时候才能完成，远水解不了近渴。

这些只是技术上的争论，关联到具体的群体利益，情况又变得更复杂了。

矿工组织（以比特大陆为代表）主要支持大区块方案。他们认为，提出"隔离见证＋闪电网络"的比特币核心维护团队中有成员是BlockStream 公司的雇员，而 Blockstream 公司的主营业务就是闪电网络，这不得不让人怀疑这个方案的动机。

比特币核心团队主要支持"隔离见证＋闪电网络"方案，他们认为矿工组织是想让比特币主网络承载更多的交易，这样就会有更多的交易手续费；如果交易都转到闪电网络上，那么矿工的长期利益可能就会受损。

事实上，矿工组织也宣称并不反对"隔离见证＋闪电网络"方案，但是做隔离见证的时候必须解决区块扩容问题。但比特币核心团队中的BlockStream 公司成员坚决反对区块扩容，坚持"隔离见证＋闪电网络"方案，而加文却支持"隔离见证＋区块扩容 2MB"的方案。

扩容方案的实施

经过多轮讨论，在 2016 年 2 月 21 日，各方代表终于在中国香港达成了一个基本的方案："隔离见证 +2M 区块"方案。软件开发由比特币核心团队来负责，同时确定了方案的实施计划。

　　虽然比特币核心团队成员在中国香港签署了协议，但他们回美国后，部分属于 BlockStream 的员工却坚决不认可这一共识，坚决不同意把区块扩展为 2MB，所以也没有进行软件开发。这个"共识"相当于没有实施，成了一纸空文。

　　直至 2017 年 2 月，相关人员又在美国纽约召开了第二次共识会议，不过这次会议并没有邀请比特币核心团队成员参与。这次提出的方案和香港方案基本相同，确定了先实施"隔离见证"方案再实施"2MB 区块"方案，方案名称为 SegWit2x。具体计划是：2017 年 8 月 1 日，先激活隔离见证（SegWit）；2017 年 11 月，把区块扩容到原先的 2 倍。

　　但由于在 2017 年 8 月 1 日完成隔离见证后，网络拥塞的问题大大缓解，比特币区块扩容的紧迫性也进一步降低。原先期待区块扩容的部分人员又不愿意扩容了，再加上因为实施隔离见证导致比特币区块链底层又变得更加复杂，区块扩容更加不易，所以也就迟迟没有进行区块扩容。

　　另外，一些对比特币核心团队不满的人员开始资助新团队 BitcoinABC，开发满足需求的比特币软件，同时把区块扩容到 8MB，最终于 2017 年 8 月 1 日正式开始运行。新的比特币软件在第 478599 个区块开始运行，一些矿工组织将算力转移到这个新的比特币软件上。这样一来，比特币区块链事实上就已经硬分叉为两个链条，一条链是 1MB 的区块链，另一条链是 8MB 的区块链。

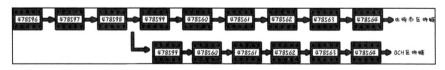

2017 年 8 月 1 日比特币的分叉

　　新生成的 8MB 区块的这一条链被称作比特现金（BCH），而原来的 1MB 区块的链还是叫比特币（BTC）。由于新的 8MB 区块的比特现金区块链具备原来的账本，所以给拥有比特币资产的地址按 1 ∶ 1 的比例配置了比特现金。免费获得 BCH 的人非常开心，真是天上掉馅饼！

然而谁也没有想到，这竟然开启了比特币的分叉币狂潮，无数人看到其中的机会，把比特币软件做一些修改就可以在某个区块上开始新的挖矿，产生一个新的币种。而项目方可以通过预先挖取（"预挖"）的方式获得大量这种新币进而获利。很快，数十种比特币的分叉币涌现出来。不过，物以稀为贵的规律在区块链世界同样存在，之后的分叉币由于没有多少算力支持，很快就失去了发展的力道，远远赶不上它们的"前辈"——BCH。

更让人始料不及的是，BCH 也在国际标准时间 2018 年 11 月 15 日经历了硬分叉，而且引发了一场算力大战。

任潇潇：这次硬分叉真的是一波三折啊！

树哥：因为去中心化，所以会有两种可能：一种是任何人都可以立刻做任何事情，就像 BitcoinABC 开发新的软件；另一种是各种分叉币的出现。但任何链条如果不能得到足够多的算力支持就一定不会成功，所以刚开始大家期待新升级的比特币网络继承绝大多数的算力，最终还是只有一条最长链。

任潇潇：如果扩容 2MB 的方案实现了，所有的节点都迁移到这个 2MB 的新链上去，旧有的链条没有了算力，这种情况算是软分叉还是硬分叉？

树哥：有一种说法是，只要是临时分叉，最终还是在一条链就算软分叉，而最后变成了两条不断增长的链，就是硬分叉。而另一种说法是，只要旧有节点可以识别新节点产生的区块，则是软分叉，而旧有节点不能识别新节点产生的区块则是硬分叉。这两种说法侧重点不同，但大多数理解的结果相同。

任潇潇：有人说比特币的社区治理不合理，您认为呢？

树哥：任何事物都有个逐渐发展的过程，问题也是逐渐暴露的。但是有两个原则需要遵守：①一次只解决一个关键核心问题。②逻辑尽量简单，以适应不同变化。

比特币的底层逻辑极其简单，而且为了保证安全，中本聪禁止在系统中用一些复杂编程语句，如跳转语句和循环语句等。这是因为在很长一段时间内，比特币的生存和发展都依赖于它自身的安全性，而不在于它有多大的灵活性，或者能和用户达成多少交互。

提到社区治理问题，我认为目前还没有答案。去中心化是中本聪建立比特币系统的初心，所以他在多个方面都尽量往去中心化的模式靠近。出现过很多问题，也有一些方面出现了中心化的趋势，不过没有尘埃落定，也很难确定哪种方式更为合适。另外，我也认为比特币遇到的每个问题都有意义，都可以为之后的项目提供参考和经验。

17 闪电网络的故事

闪电网络的由来

树哥：假设有一辆安保极其严格的押运车，每天从 A 点运载一批货物到 B 点。你有什么办法提升运送效率吗？

任潇潇：这个简单啊，至少有三种方法：①把押运车的货物整理一下，多装一点。②换一个更大的押运车。③避开拥堵路线，增加一些其他运输线路。

树哥：第一个方案就有点像隔离见证，通过整理货物而空出一些空间来放更多的货物。换大押运车就类似于大区块方案，可以运载更多货物。而第三个方案就像闪电网络方案。因为主网络比较拥堵，所以再搭建一条线路以避开拥堵路段，这样的方式就叫"闪电网络"。

前两个方案都要对比特币软件进行更改，都是针对比特币区块链来进行扩容，所以就叫"链上扩容"。第三个方案是在比特币区块链

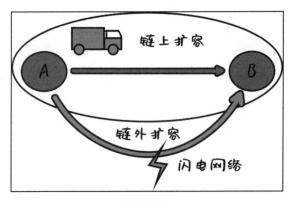

扩容方案

之外进行扩容，所以通常被称作"链外扩容"，或者"链下扩容""第二层扩容"。

　　闪电网络就属于链外扩容方案，闪电网络中这个额外建立的通道就是"支付通道"。比特币区块链最关键的作用就是记录比特币转账信息，每一笔交易都需要网络上的大多数节点确认，还要等矿工竞争出区块生产者来将这些信息打包进区块。这其实是比特币区块链安全性的保障，也是效率不高的原因。

　　是不是所有的记账信息都需要放进比特币区块链呢？是否可以不保存一些不重要的高频小额交易？这个就是闪电网络方案的思路。

　　日常生活中有 80% 的交易都是高频小额交易，例如买早点、买瓶水等。这些信息既会涉及我们的隐私，却也没有那么重要，没有必要都写入区块链。如果不写入区块链，那就意味着交易不需要全网节点验证，也不需要等待区块生产者打包，这样交易确认的速度简直快如闪电，这就是闪电网络的由来。

闪电网络的优势

　　闪电网络实现的机理也比较简单：A 和 B 之间有频繁的转账交易，原来每一笔交易都需要全网节点进行确认，现在不需要了。A 和 B 之间只要开始在区块链上记录一下初始状态，例如 A 和 B 谁也不欠谁，然

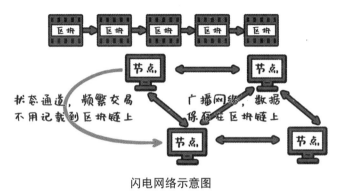

闪电网络示意图

后他们之间就有一个状态通道建立了，他们开始了频繁的转账交易，具体转账过程只有他们知道，网络上的其他节点并不知道。直到他们结束了相互转账，共同认可最终的状态：A 给 B 转了 0.5BTC，这个结果会写入区块链之中，之后他们之间的记录支付状态的通道就会关闭，这个记录状态的通道简称为"支付通道"。

支付通道在区块链上体现为一段可以执行的代码，也被称作"智能合约"，还需要开启通道的双方锁定一部分资产。当双方进行交易的时候，就可以通过这个自动执行代码从锁定的资产库中直接交易，相当方便快捷。

任潇潇：锁定的资产也就相当于抵押，假如两个人都存100元到第三方，两人的交易最终不能超过100元，以免之后兑现不了承诺。网络上那么多人进行小额高频交易，每笔交易都需要建立这样的支付通道吗？

树哥：那样成本就太高昂了。事实上，完全可以多人一起建立支付通道，也可以搭建这样的闪电网络，任何安装了相应软件的成员可以通过接入这通道网络打通和这个网络上其他人员之间的通道。

任潇潇：那这就是一个巨大的网络了，闪电网络的节点越多，速度就会越快。

树哥：是的。还有一些好处，因为单笔交易不需要在区块链上进行广播和记录，所以就具备一定的隐私性；因为不占用区块链的资源，所以速度

闪电网络的优点

速度快、保护隐私、转账成本低
适合于小额高频交易

闪电网络的优点

快而且转账的成本极低，非常适合小额高频交易，是比特币在日常生活中使用的最有效的方案之一。总结起来就是速度快、保护隐私、转账成本低、适合小额高频交易。

闪电网络方案的形成

任潇潇：是谁想出了闪电网络这么好的点子？

树哥：闪电网络方案也不是一步到位的。最初，中本聪在比特币白皮书中提到了"支付通道"的概念，虽然没明确写入区块中，但允许开放交易更改和替换，只不过在某段时间内需要相关方的私钥签名。他们在这个思路上进行了扩展，"双向支付通道""链下支付网络"等概念紧跟着就被提出来了。

2015 年 2 月，Thaddeus Dryja 和 Joseph Poon 发表了闪电网络的白皮书，大家才开始正式开始闪电网络的研究和开发工作。

2015 年底，通过闪电网络对比特币区块链进行扩容的思路受到广泛支持，在比特币的扩容发展线路图中，实施闪电网络也成为一个重要阶段。之后，众多团队开始开发闪电网络。

2017 年 12 月，闪电网络测试版本上线比特币区块链主网，并测试了闪电支付通道，这算是闪电网络上运行的第一笔交易。

2018 年 3 月，闪电网络正式上线比特币区块链主网，各种以闪电网络为基础的应用开始快速发展。

任潇潇：闪电网络的支付速度将来能赶上传统的在线支付手段吗？

树哥：闪电网络发展速度非常快，2018 年 2 月，闪电网络节点数就达到 7000 多个，状态通道数量接近 3 万，这些指标都是前几个月的数倍。

扩容方案除了前面说到的三种外还有很多，分片方案就是其中之一。区块链效率低的原因是每笔交易都需要全网确认，那么分片方案就主张不进行全网确认，把网络分成片区，各片区分别确认。如果分成 10 个片区，那效率就能提高 10 倍。

也有人认为并不是所有的数据都值得记入区块链，就想了一个办法，将这个数据进行哈希运算，把它的数字指纹放入区块链之中，原来的数据还存储在普通的节点上。这样一来，需要核实数据有没有被篡改时，就可以直接去区块链中找到它的数字指纹进行校验。

18 区块链的由来

任潇潇：咱们总说比特币区块链或者直接说区块链，区块链到底和比特币有什么关系啊？

树哥：区块链的概念是比特币产生后才衍生出来的。

在传统网络中，中心服务器保存着所有数据，还有很多客户端处于从属地位。现在的大多数网络都是基于这样模式，例如微信和支付宝等。而比特币网络中所有的网络节点都拥有由一模一样的数据区块组成的链条。

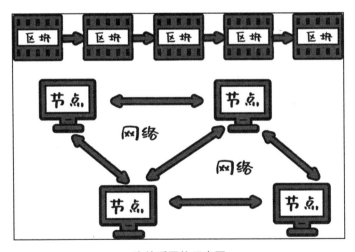

比特币网络示意图

这两种网络有几个主要区别：第一，比特币网络是去中心化网络，所有节点都有相同的数据；传统网络是中心化网络，只有中心服务器才保存数据。第二，比特币网络先把数据组成区块，再按照时间顺序链接；传统网络只是把它们都放在数据库之中，没有特别的数据存放方式。

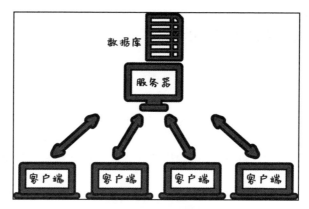

中心化网络示意图

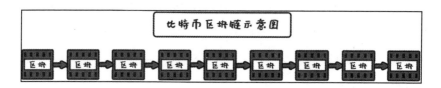

任潇潇：比特币区块链这个名称又长又有点怪。

树哥：其实开始没有这名称，在中本聪的比特币白皮书中也只有 Block 和 Chain 这样的单词。刚开始大家也没有需求来定义区块链，因为只有比特币本身。

真正困扰大家的是：作为加密货币的比特币和比特币网络之间怎么区分，英语中只有 Bitcoin（比特币）这一个词，很难区分到底指的是比特币还是比特币网络。

在具体语境中，如果说"我给你转了一个比特币"，那"比特币"指的是加密货币比特币，如果说"比特币有了漏洞"，那"比特币"指的是比特币网络，

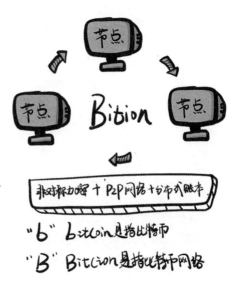

但如果没有具体语境就很难区分。后来大家就约定第一个字母大写的"Bitcoin"代表比特币网络，第一个字母小写的"bitcoin"就代表加密货币。

后来比特币越来越火热，很多人把比特币原代码简单修改一下就发行一个类似的币种，大家都称这样的币种是"山寨币"。还有人对比特币使用的底层技术比较感兴趣，他们也尝试使用非对称加密、P2P网络、分布式账本、哈希运算等技术来做这一些新的应用。这时候，非对称加密、P2P网络、分布式账本、哈希运算这一整套技术综合起来该怎么称呼就又成了一个问题。

他们没有选择计算机或者密码学之类的名称，而是在比特币白皮书中挑选了常出现的两个词：Block（块）和 Chain（链），组合在一起就成了 Blockchain，在中国翻译成"区块链"。

所以就有了"区块链"这个词，被用来描述比特币使用的底层技术。

区块链与比特币的关系

树哥：严格来说，区块链和比特币是同时产生的，比特币网络是建立在一些底层技术上的加密货币应用系统，比特币网络使用的底层技术则被称为区块链，即比特币网络使用区块链技术产生和转移加密货币比特币。

需要注意的是，因为区块链的概念是从比特币衍生出来的，所以比特币是区块链的代表。很多人一提到区块链就会想起比特币网络，但不能认为区块链就是比特币网络，因为使用区块链的不止比特币网络，还有以太坊网络、EOS网络等，而且随着区块链的发展，这样的重要成员还会越来越多。

任潇潇：既然比特币网络就是区块链的代表，那么研究比特币其实也就是研究区块链了吧？

树哥：是的，我们一直在探讨比特币网络的相关技术，其实就是探讨区块链技术。我们可以通过比特币来得出区块链的一些参数。

区块链参数

树哥：下图就是一个比特币区块链示意图，里面的数字称为区块编号或区块高度。其中，编号为"0"的区块被称作"创始区块"。比特币的创始区块是 2009 年 1 月 4 日 2：15：05 产生的。比特币的区块大小为 1MB，大约每 10 分钟产生 1 个区块。

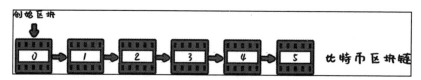

比特币区块链

任潇潇：从比特币的整体设计上看，中本聪考虑得非常详细，为什么就没有想到比特币区块只有 1MB，将来会有问题？

树哥：其实中本聪设计比特币最初版本时没有做出区块容量为 1MB 的限制，比特币自身数据结构下区块大小最大可以达到 32MB。只是比特币刚上线就遭遇了大量攻击，这些攻击体现为大量的小额转账让正常转账没有机会得到确认。所以，大家用比特币支付手续费也没有什么心理压力。所以中本聪就临时把比特币的区块容量调整到 1MB 了，他也知道这将来会成为一个问题，不过他相信到将来会有办法解决。提出大区块方案的人也知道比特币网络可以支撑大区块运行。

任潇潇：明白了。我把区块链的这些参数画在一张图中，您看有没有问题。

树哥：这些概念理解都正确。但还有一个特别重要的部分没有单独标识出来，那就是区块头。事实上，每个比特币区块都由两部分组成：区块头和区块体。

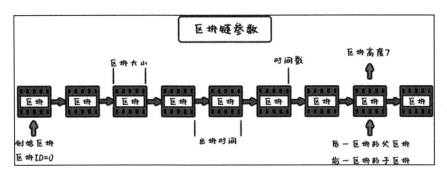

区块链参数

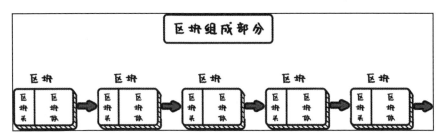

区块组成部分

你应该还记得我们讲比特币区块时提到过区块的数字指纹，讲到挖矿时也提到奖励地址、随机数和难度值三个重要参数。其实这些信息都存放在区块头中，交易的数据放在区块体中。比特币区块头按照功能可简划分为三个功能块：区块位置、控矿、防篡改。

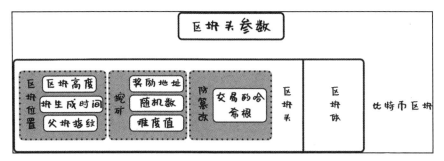

区块头参数

区块位置可以严格确定区块在区块链中的顺序。区块高度是这个区块在区块链中的序号，创始区块的区块高度为 0；区块生成时间就是这个区块产生的时间，创始区块是 2009 年 1 月 4 日 02：15：05 产生的；父块指纹就是上一个区块的哈希值，创始区块没有上一个区块，也就没有父块指纹。

第二个功能专门为挖矿服务，也就是为产生区块生产者而服务。奖励地址是矿工自己的地址，合法区块生产者会得到奖励。随机数是矿工要努力寻找的数，谁先找到谁就是合法的区块生产者。难度值可以调整出块时间，如果平均出块时间低于 10 分钟，就提高难度；平均出块时间高于 10 分钟，就降低难度。

第三个功能主要是为了防止交易数据被篡改。为防止本区块的交易数据被篡改，把所有的交易都单独进行哈希运算，得到数字指纹，然后再把数字指纹两两哈希，经过多轮运算后得到唯一的数字指纹哈希值，这就是默克尔树根，把这个数字指纹存放在区块头中，任何交易被篡改都会导致这个哈希值不符合，就会立刻被发现。

所有的区块项目，区块链的主体结构都不会变化，都由区块头和区体组成，也都有自己的区块大小、出块时间等，功能不同，区块头内的参数也会略有变化，但原则不变。

区块的分类

任潇潇：常听到公有链、联盟链、私有链等，它们有什么区别？

树哥：比特币是完全开源的一个区块链网络，任何人都可以下载并运行比特币软件，可以分析代码。毫无疑问，这是一个公有链：软件公开、源代码公开。但有些项目不愿意公开源代码，

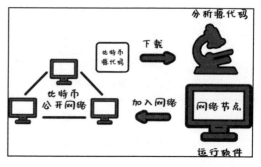

开源的比特币网络

只愿意公开软件让大家下载使用。此时，虽然大家都可以下载软件，但不能分析源代码，那这样的区块链项目算不算公有链？对此还有争议。不过宽泛点说，只要公开软件供众人使用的区块链就可以叫公有链。

　　大家发现在多中心互相不信任时使用区块链是一个非常好的选择。例如，银行之间互相不相信对方的数据库，只相信自己的数据库。这样银行每个月对账就是一个非常大的负担，如果账目有出入，还需要走一个极其繁杂的流程进行账目处理。而区块链可以把账本公开并且不可篡改，能极大提升银行之间的对账效率。但这个系统只是在银行之间部署，不允许非授权的组织接入。这样有着明显接入权限的区块链就叫联盟链。目前，区块链技术在银行业最受欢迎，应用也最多。

　　私有链就更好理解了，例如一家公司自己做了一条区块链就可以称为私有链。有些公司在全球有很多分支机构，它们为了保障自己的全球财务系统不可篡改就会做一条私有链。私有链也需要许可才能接入，所以联盟链和私有链也都可以称为许可链。

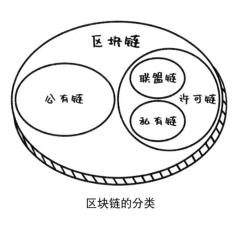

区块链的分类

　　任潇潇：区块链的划分标准只有这一个吗？我总听人家说区块链1.0、2.0、3.0等，这是什么意思？

　　树哥：区块链发展过程中出现了很多新名词，新名词从出现到成为一个普遍认可的权威定义需要一段时间。所以，目前提的很多概念也只是流行说法而已。区块链1.0、区块链2.0、区块链3.0也都是流行说法，是把区块链简单按照功能和应用划分，是否合理就见仁见智了。

有人认为，以比特币为代表的区块链主要是货币类的应用，称为"区块链 1.0"；以以太坊为代表的区块链主要是智能合约类应用，所以称为"区块链 2.0"；以 EOS、Filecoin 等项目为代表的区块链会深入到各个行业中，所以称为"区块链 3.0"。

19 莱特 LTC、大零 Zcash 和狗狗通证的故事

任潇潇：既然比特币的源代码是公开的，任何人都可以下载软件和分析代码，那么为什么没有人修改比特币的代码来做自己的项目呢？

树哥：当然有人复制。比特币出现之后产生了区块链技术，很多人也想以比特币为基础开发出一些货币类的区块链项目。典型的有莱特 LTC、大零 Zcash 和狗狗通证。

莱特是银

树哥："比特是金，莱特是银"，这句话是莱特 LTC 的营销口号。毫无疑问，这句口号极为成功，很快就让莱特 LTC 从众多山寨通证中脱颖而出。

莱特 LTC 的全称是 Litecoin，意思是一个轻量级的通证。其整个体系和思路都参照了比特币，只是对比特币存在的一些问题进行了优化。

提出这句口号的人就是 LTC 的创始人——李启威（Charles Lee），亚裔美国人，麻省理工毕业的高才生，曾在谷歌公司做过软件工程师，在交易所 Coinbase 中担任过总监职位，是一位出类拔萃的技术人才。

在媒体铺天盖地地介绍"丝路"网站时，比特币也相应名声大噪。李启威也正是这时候看到相关的报道才了解了比特币。几乎每个看到比特币白皮书的技术人员都会被它深深吸引，李启威也一样。他开始疯狂迷恋这个与众不同的技术，并向他的朋友们推荐了比特币。

后来，越来越多人开发出山寨比特币，这也给李启威带来了一些启发。不过，大多数山寨项目在复制了比特币全部代码之后，也会对一些

方面进行改良。

李启威的团队在比特币源代码基础上进行了如下调整。

比特币区块链的出块时间为 10 分钟，莱特 LTC 把出块时间改为 2.5 分钟，也就是 10 分钟出 4 个区块。

因为出块速度提升了 4 倍，所以奖励减半的区块数量也提升 4 倍，为 84 万个区块（比特币为 21 万个区块）奖励减半，即 4 年减半。比特币的货币总量为 2100 万枚，莱特 LTC 的总量就是 8400 万枚。

由于出块速度快，所以莱特 LTC 处理交易的速度也就提高了 4 倍。正因为如此，莱特 LTC 刚出现时就受到市场的追捧。不过现在交易处理速度快的通证很多，这点也就不算什么优势了。

另外，莱特 LTC 还把加密算法改了一下，比特币中采用 SHA256 算法进行哈希运算，莱特 LTC 使用了刚出现的 Scrypt 算法进行哈希运算。因为 SHA256 算法需要大量的 CPU 算力，所以就出现了 ASIC 矿机这样专业的挖矿设备，导致矿工越来越专业化，普通人用普通电脑再也无法挖到比特币了。而莱特 LTC 采用 Scrypt 算法也是想让算力去中心化，因为这种算法还需要占用大量内存，可以尽量让普通电脑也能参与挖矿。虽然这个算法很快也被 ASIC 矿机攻破，但这是比特币之后第一次对算力去中心化的尝试。其后的通证也多在这些方面做出了努力。

2011 年 10 月 8 日，莱特 LTC 首个区块产生，成为比特币之后最早发行的山寨通证之一。毫无疑问，莱特 LTC 是一个非常成功的项目。到 2013 年，莱特 LTC 的价格从几元飙升到 380 多元，一时间众多社区知道了这个通证，各大交易所也纷纷上线莱特 LTC，莱特 LTC 就成为总市值排名第二的通证。到 2017 年最高点时 LTC 的价格竟然飙升到 360 美元之上。

任潇潇：莱特 LTC 采用 Script 加密算法到底是为了什么呢？

树哥：做一个类比，一辆公交车始发时车上有 20 人，第一站上来

3 个下去 1 个，……第 20 站上来 2 个下去 8 个。那么，最后车上有多少人？所有的奇数站平均上的人数是多少、平均下的人数是多少？

第一种问法的回答很简单，只需要在每站进行计算即可，这有点像比特币的 SHA256 算法，就需要一遍一遍地进行哈希计算，直到算出那个随机数字。

而如果一开始不知道第二个问题的话，就需要记录每个站点上来多少人、下去多少人。那么莱特 LTC 采用的 Script 算法就有点类似，它需要大量的内存来参与记录和运算。

任潇潇：多点内存对莱特 LTC 的区块链网络有什么好处呢？

树哥：好处至少有两个。第一，便于普通电脑参与挖矿。因为这样就相当于算力超高速增长，内存的成本相对固定。如果需要增加大量的内存，就会增加大量的成本，进而削弱专业矿机的挖矿优势。

第二，保护莱特 LTC 网络。如果还是采用 SHA256 算法的话，随便拿一些比特币的矿机来加入网络，就可能使算力超过 51%，给网络带来风险。

其实莱特 LTC 也在不断进步和改良。2017 年 6 月，莱特 LTC 闪电网络上线，李启威提出了"原子级的跨链交易"，让所有人都耳目一新。

妖币——大零 Zcash 的故事

树哥：提到比特币的知名山寨项目，Zcash 肯定能占其中一席，主要原因有 3 个：①Zcash 是全球第一个使用零知识证明（Zero-Knowledge Proof）的加密货币。②Zcash 是匿名三杰的重要成员之一（Monero、Dash、Zcash）。③Zcash 被称作"妖币"，价格曾被爆炒到几千个比特币。

Zcash 是比特币的山寨通证，它的代码同样也是由比特币的源代码更改而来。Zcash 是由比特币 1.0 版本、1.2 版本修改而来，同样采用证明机制，总额也是 2100 万枚，只不过把区块容量改成了 2MB，出块的时间改成了 2.5 分钟。

Zcash 系统是如何产生的呢？

"丝路"网站的主流交易货币为比特币，不过越来越多的人发现比特币只提供了一半的匿名性。因为在比特币系统中，不同地址之间的转账完全公开透明，只是不知道地址属于谁，通过私钥的匿名性来实现保护。但如果某些人通过交易所买卖过比特币，而交易所可能实名，于是就有可能顺藤摸瓜找到交易者的信息。

这时候，就需要比比特币更加私密的加密货币，美国约翰霍普金斯大学、麻省理工学院和以色列理工学院的研究人员开始对新型匿名加密货币进行研究，加文（比特币社区首席科学家）和 V 神（以太坊创始人）都充当了这个新货币的顾问或者投资人。最终，他们通过修改比特币 1.0 版本、1.2 版本，添加了一种叫"零知识证明"的新技术，新型匿名货币 Zcash 便产生了。

什么是"零知识证明"？也就是在不泄露机密的情况下做出证明。最简单的例子是：假如警察捡到一个手机，你说这个手机是你丢失的。你不需要说出这个手机的解锁密码，只需要在没有见到这个手机时，说出手机的型号、颜色，甚至哪里有划痕、哪里有破损等信息，就能证明警察捡到的手机属于你。因为你说的信息并不是机密信息，而是可以随时验证信息。

Zcash 是如何使用"零知识证明"机制的呢？在 Zcash 系统中，资金分为透明资金和隐私资金。透明资金原理与比特币基本相同，而隐私资金则采用"零知识证明"的方案，将所有的交易都隐藏起来，只有交易者通过自己的私钥验证后才能查询。

在比特币系统中，若有一条记账信息为 A 地址向 B 地址转移若干比特币，通过这条交易信息我们就知道 B 地址的某部分比特币原先属于 A 地址。而在 Zcash 系统中的隐私资金交易中，如果 A 地址要给 B

地址转账，系统会先把 A 地址的 Zcash 销毁，新产生等额的 Zcash 发送给 B 地址，从 B 地址的交易中只能看出是系统给自己发送的 Zcash。

虽然 Zcash 区块链项目是从比特币区块链修改而来，但其通证 Zcash 的价格却曾经攀升到 200 万美元，相当于 1 枚 Zcash 可以换 3300 枚 BTC，之后价格很快就一路狂跌，甚至跌到 0.1BTC，所以被称作"妖币"。

一个"玩笑"——狗狗通证

树哥：你觉得这些匿名加密货币最重要的属性是什么？

任潇潇：应该是稀缺性。比特币的总额限定为 2100 万枚就确定了它的稀缺性，莱特 LTC 也是仅有 8400 万枚。既然它们的目标是成为货币，货币必须要有价值，也就必须具有稀缺性。

树哥：我赞同，不过在区块链加密货币历史上却有一个"三无产品"反其道而行之，不仅不想保证它的稀缺性，反而有意识地海量增发。更加有意思的是，这个产品本身就是因一个笑话而诞生，最后连创始人都宣布离开了，但这个产品却经受住了考验，成为圈内为数不多的活下来的产品。

任潇潇：不想保障稀缺性的"三无产品"居然有这么强的生命力，真是个传奇啊！

树哥：因为比特币的火热，越来越多的山寨通证出现了。这时候，澳大利亚营销专家杰克逊·帕尔默（Jackson Palmer）对这个现象很感兴趣，虽然他内心也认为这些事情不太靠谱，但作为营销专家，他觉得参与一下，做个小游戏也挺不错。

当时很流行一个柴田犬的表情包，一只侧着脸的柴田犬，两只无辜的眼睛偷偷望着你，嘴角随时准备上扬裂开微笑。帕尔默心想：就用这个表情包当 Logo，既有辨识度又有传播力。既然表情包叫 Doge，那这个通证就叫 Dogecoin 吧，也就是狗狗通证。

　　由于帕尔默不是技术人员，他想抄别人的软件都不知道怎抄。不过这并不妨碍他第一时间去注册了狗狗通证的域名 Dogecoin.com。然后就开始招募狗狗通证的开发人员。

　　由于帕尔默只是把狗狗通证当成了一个有意思的玩笑，所以召集来的开发人员 Billy Markus 也没有做什么有价值的技术开发，更没有研究新算法、新机制，而是充分发挥了"拷贝大法"，但这次拷贝的不是比特币，而是比特币的"拷贝者"莱特 LTC。狗狗通证全盘照抄了莱特 LTC 的算法，技术上什么也没改，但发行方式更改了。

　　相比前辈们拼命限制总量的做法，帕尔默的狗狗通证就充分体现了"玩笑"的本质，先发 1000 亿枚，这还不算什么，以后每年再发 50 亿枚。也就是说，相对于比特币、莱特 LTC 控制总量的模式，狗狗通证则采用了无限增发的模式，总量会越来越多。但这 1000 亿枚并不是一次全部发出来，也采取了一点小策略：

- 2013 年 12 月，狗狗通证诞生。
- 2014 年 2 月 14 日前挖出 500 亿枚。
- 2014 年 4 月 2 日前再挖出 250 亿枚。
- 2014 年 7 月 23 日前再挖出 125 亿枚。
- ……
- 2015 年 1 月 8 日，1000 亿枚全部挖。
- 之后每年新增 50 亿枚。

这样反其道而行之的想法和做法，这样一个因玩笑产生的无技术亮点、无强势背书、无应用落地的"三无产品"却意外满足了社交中的"猎奇、好玩、交流"属性，反而迅速引爆了整个社交圈。大家突然发现，狗狗通证也正好切合了美国的"小费打赏"文化。

- 价格低廉，打赏无压力。相对于比特币等通证的高价格，狗狗通证的价格极其低廉，初期价格仅为 0.000267 美元，当时仅约为人民币 1.9 分，随手打赏几千几百枚毫无压力。

- 转账方便，网上打赏更容易。作为加密货币的狗狗通证，天然就有转账的便利性。在网络上看到好文章、好帖子、自己赞同的观点，都可以通过狗狗通证直接打赏，比用美元打赏方便多了。

- 总量巨大，投资不如社交。由于比特币价格连连飙升，就会有人因打赏出去的比特币升值而后悔，所以比特币的投资属性更加明显。而狗狗通证初始总量有 1000 亿之巨，每年还会新增 50 亿枚，这种通证与其投资还不如通过打赏来满足社交需求。

于是，这个"玩笑"狗狗通证一下子就火爆得无以复加，在短短一年里用户基数就达到了比特币的 1/3、莱特 LTC 的 4 倍。

2014 年，由于熊市来临，狗狗通证的算力大跌，仅为莱特 LTC 的 1/15，这就意味着攻击狗狗区块链的成本急剧降低。为了保护狗狗区块链的安全，狗狗通证管理团队经过激烈讨论后，最终决定与莱特 LTC 进行"联合挖矿"，也就是说挖莱特 LTC 的矿工可以同时在狗狗区块链挖矿，获得狗狗通证的奖励。狗狗通证区块链暂时安全了，当然也丧失了挖矿算力的独立自主权，安全上完全依赖于莱特 LTC。

2019 年 4 月，帕尔默已经厌烦了圈内的浮躁、无数仿冒者的招摇撞骗和基于各种利益的攻击，所以他清空了自己所有社交账户的资料、视频，然后彻底在网络世界消失。

然而，创始人的离开并没有给狗狗通证带来多大影响，社群成员反而开始热火朝天地投票选举自己心目中的狗狗通证 CEO，排名第一的是声名赫赫的埃隆·马斯克（Elon Musk）。他也相当配合地在社交网络上申明，狗狗通证可能是他最喜欢的加密货币，因为狗狗通证非常酷。

目前，狗狗通证的市值大约为 3 亿美元，总市值排名在加密货币的前 30 名，已经超越了太多的通证。

20 以太坊

空气通证泛滥的原因

任潇潇：除了山寨通证外，我还听说过"空气通证"，这具体是什么通证？

树哥：所谓"空气通证"，其实就是没有区块链项目的通证。空气通证的大规模出现和一个区块链项目直接相关，那就是以太坊。

山寨通证其实也是区块链项目，至少会把比特币的源代码稍微改一改，然后上传到网络上，大家下载运行后就形成了一个新的区块链项目，这个区块链也会产生自己的加密货币，如莱特 LTC、大零 Zcash，甚至狗狗通证都是这样产生的。这种由区块链网络产生的加密货币被称作"原生通证"。但"空气通证"却没有自己的区块链网络。

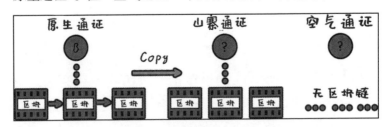

原生通证、山寨通证、空气通证

任潇潇：如果没有自己的区块链网络，那它又是如何产生的呢？没有依据又会有谁承认呢？

树哥：原本在以太坊出现之前这个问题还不突出，毕竟山寨币也需要一些技术，也需要运行网络，所以山寨通证的数量还是有限的。但以太坊区块链平台提供了一个功能：任何人不需要有区块链项目，就可以直接在以太坊上发行加密货币，只不过这个加密货币不叫"原生通证"，而叫"代替通证"，即代替原生通证的通证。

任潇潇：利用以太坊发行的通证没有区块链项目，那就是空气通证了，怎么会有人认可呢？

树哥：理论上，在以太坊发行的所有通证都是空气通证，但这个功能可以为很多正在开发的项目募资，以帮助项目上线。例如大名鼎鼎的EOS，在区块链网络系统上线之前，先在以太坊上发行代替通证EOS进行募资，所以也就顶着个"空气通证"的帽子。由于EOS成功募资50亿美元，所以很多人戏称其是"50亿美元的空气"。2018年6月，EOS区块链主网上线，用自己的区块链网络产生了原生通证，原先在以太坊上发行的EOS代替通证全部被注销，这才算彻底摘掉了"空气通证"的帽子。

任潇潇：这么说"空气通证"最起码可以帮助区块链项目融资，加快开发进度。

树哥：就是因为在以太坊发行通证太容易了，而且发行的通证又可以直接上交易所交易，区块链项目方就有资金了。但毕竟并不是所有的项目方都有远大的理想，很多项目方突然发现自己已经有钱了，那为什么还开发项目？所以选择卷款"跑路"，或者在交易所炒作，以图赚更多的钱。这也让很多根本没有技术实力的人找到了"致富道路"：虚构一个项目，在以太坊上发行一个通证，上交易所就能挣钱，但他们就根本没有想过要开发项目，这种通证也就永远是"空气通证"。

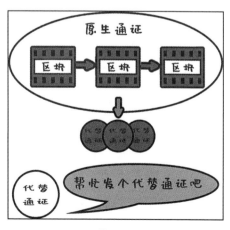

以太坊发行通证

任潇潇满：难道买这些"空气通证"的人不知道这一点吗？

树哥：第一，区块链还是有一定技术含量的，"空气通证"项目方包装一下能蒙骗很多人。第二，很多人也不关心项目，只关心炒作赚钱。所以到了 2017 年，各种空气项目募资达到了疯狂的程度，最终国家禁止了私下募资，情况才有所好转，但"空气通证"项目还是屡禁不绝，而这一切都要从以太坊说起。

以太坊创始人

1994 年，一个叫维塔利克（Vitalik Buterin）的小朋友出生在俄罗斯，6 岁时他就跟着爸爸去了加拿大多伦多，10 岁时他在数学、软件设计和经济学方面表现出过人天赋，还参加过《天才儿童》节目。

V 神的长相与马云神似

Vitalik Buterin

13 岁时，维塔利克迷上了《魔兽世界》这款游戏，每天一回家就泡在电脑上玩游戏。没几年，维塔利克玩《魔兽世界》的游戏水平已经很高了。16 岁时，发生了一件让维塔利克伤心的事情——开发《魔兽世界》的暴雪公司更新游戏软件，把他最喜欢的一个技能给移除了，天才少年一下就崩溃了，哭了整整一夜却毫无办法。

一般人哭完了会继续玩，天才少年维塔利克却想：为什么游戏公司可以随意更改用户玩了几年的游戏？能不能开发一款游戏由用户自己做主？这个种子深深扎在维塔利克的心里。

2011 年，维塔利克接触到了比特币，他越来越觉得比特币这样的去中心化网络可能是他想要寻找的技术。于是开始学习有关比特币的知识，并给《比特币周刊》投稿，一篇文章赚 5 个比特币的稿费，当时这

5 个比特币的总价还不到 4 美元。

在研究比特币的过程中，他发现比特币底层技术确实很奇妙，不过比特币网络只用于比特币转账，用来开发游戏软件却不现实。他想：比特币网络的区块中保存着比特币的交易数据，如果把程序代码也存放在区块中，那是不是就可以实现很多功能了？如果这个想法真实现了的话，岂不是就可以让很多人在这个区块链平台上开发应用了？这就是区块链世界中的操作系统。

然后，他写了以太坊白皮书。这一年，他 19 岁。

然后，他成立了以太坊基金会，启动以太坊募资，募得 3.1 万枚比特币（当时约合 1840 万美元）。这一年，他 20 岁。

然后，他发布以太坊最初版本 Frontier。这一年，他 21 岁。

然后，他被《财富》杂志评为"40 岁以下的 40 大杰出人物"之一，当时他 22 岁。

然后，他被称为"V 神"！

我们喜欢叫他"V 神"，因为他开创了智能合约的区块链项目。

那以太坊区块链有什么特点呢？为什么大家会称它为区块链 2.0？

以太坊区块链也是一个区块链项目，自然也既有区块又有链。只不过以太坊的区块链参数和比特币的区块链参数不同，我先把它列在下面。

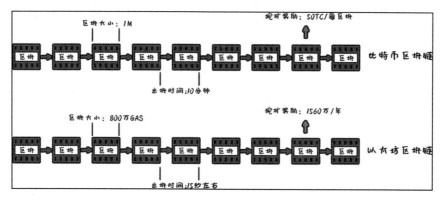

以太坊与比特币的区块链参数

以太坊区块链出块时间

树哥：出块时间是区块与区块之间的间隔时间，也可以简单理解为区块链的区块增长速度，比特币的出块时间为 10 分钟，也就是 10 分钟产生 1 个新的区块，一个小时产生 6 个区块，1 天产生 144 个区块。

而以太坊的出块时间约为 15 秒钟，也就是 15 秒会产生 1 个新的区块，一个小时产生 240 个区块，1 天约产生 5760 个区块。

出块时间越短，在相同的时间内产生的区块越多，一天内只能产生 144 个比特币的新区块，却可以产生 5760 个以太坊区块。所以，如果区块内存储的交易数量相同的话，出块时间越短，效率会越高，能记录的交易也就越多。

任潇潇：既然如此，那能不能把出块时间设置成 1 毫秒呢？这样不就可以把效率提高到极限吗？

	比特币	以太坊
出块时间	10分钟	15秒
1小时出块	6个	240个
1天出块	144个	5760个

比特币 VS 以太坊出块时间

树哥：即使不考虑节点本身的处理能力，至少也要考虑网络时延的问题。由于区块链网络需要全网进行区块同步，中国和美国之间的时延为 200~300 毫秒，过短的出块时间可能会导致整个区块链网络出现混乱，反而会降低整体的效率。如果出块时间为 1 毫秒，那么就可能中国的计算机已经有 200 个新区块产生了，而美国的计算机第一区块还没有产生呢，无法保证全网节点上的区块链一模一样。事实上，以太坊 15 秒左右的出块速度也已经导致了一些问题，如孤块的出现。

什么是孤块

所谓"孤块"，就是两个矿工都找到了随机数，且都广播了自己挖出的区块，本质上这两个区块都是合法的区块，不过因为网络环境问题有的区块更早到达

孤块

大多数节点，而其余没有及时到达大多数节点的合法区块就是孤块。由于比特币出块时间为 10 分钟，确认时间也比较长，出现孤块的情况并不多，所以只有第一个到达全网的区块才能获得奖励，孤块没有奖励。而以太坊上出现孤块的概率就比较高，所以以太坊还专门设置机制解决孤块奖励的问题。

什么是区块大小

任潇潇：我对区块大小这个概念有疑问，比特币区块链的区块大小是 1MB，以太坊区块链的区块大小是 800 万 GAS，GAS 是什么呢？

树哥：可以将它理解为消耗的燃料。区块大小也就是每次产生的区块容量，区块越大存储的信息越多，也就是存储的交易信息越多；区块越小存储的交易数据越少。那么区块有没有可能无限大呢？当然不可能了，因为每个区块都要进行全网同步，区块太大会影响网络传输效率。

比特币的区块大小是 1MB 左右，每笔交易至少占 250 个字节，所以理论上每个区块可以存 4096（1024KB/0.25KB）笔交易。

而以太坊的区块大小却不是以存储空间而论，因为以太坊不光记录交易，而且可以执行程序。有些程序代码虽然很小但可能很耗费系统资源，例如循环或递归调用语句。所以，以太坊的区块大小以消耗的资源来衡量。在以太坊网络中，消耗资源的多少用燃料 GAS 来计量，所以

以太坊每个区块最大能消耗的燃料为800万GAS。

如果说比特币的每个区块都是一个箱子，交易是砖，一个箱子能装多少砖确定的话，那么一个区块中能装多少交易也可以大概确定。而以太坊的区块更像一个具有超强弹力的袋子，可大可小，这个袋子的上限是通过燃料来衡量的，例如一个袋子最多能装500元的物品，如果装金子的话只能装一点点；但如果装棉花的话却可以装很大一袋。

使用以太坊资源需要消耗燃料GAS，无论是存储、转账、注册账号或者执行程序都需要花费不同数额的燃料GAS。也就是说，以太坊的区块是这个弹力袋子，全部装交易和全部

	比特币	以太坊
区块大小	1M	800万GAS
单条交易	250字节	21000GAS
交易数量	4096笔	380笔

比特币和以太坊交易数量对比

装程序时，袋子大小不同。每个区块最大能消耗的燃料大概是800万GAS，如果按照每笔交易最低限度21000 GAS来算的话，那么每个区块大概就能存380笔交易。

交易处理效率

树哥：比特币区块链中一个区块存储的理论交易总数量为4096笔，出块时间为10分钟（600秒），所以比特币理论上每秒处理的交易数为6.8笔（4096/600）。但比特币区块中除了存交易信息还会有其他信息，另外，一对一交易和多对多交易所占的字节也不同，所以比特币实际的TPS会低于每秒6.8笔，约为每秒3~4笔。

以太坊区块链中每个区块理论交易总数量为380笔交易，出区块时间为15秒。所以，以太坊的理论每秒处理交易数量为25笔（380/15）。事实上，每笔交易的最低限额是21000GAS，真实消耗的GAS会大于本数量，所以以太坊处理交易的数量实际约为每秒十几

笔。由此可见，以太坊的效率确实比比特币有了一定的提高。

交易效率	比特币	以太坊
区块大小	1M	800万GAS
交易数量	4096笔	380笔
出块时间	10分钟	15秒
理论TPS	每秒6.8笔	每秒25笔
实际TPS	每秒3-4笔	每秒十几笔

比特币和以太坊TPS（每秒处理交易数量）对比

但需要注意的是，这些数值都是大概计算。因为交易字节大小不确定，以太坊的执行消耗也不确定，所以这个数据只是个参照。

任潇潇：那以太坊的奖励机制与比特币有何不同呢？

以太坊奖励机制

树哥：比特币网络会产生2100万枚比特币，会全部奖励给矿工，每十分钟产生50枚比特币，每过四年减半，直至到2140年所有比特币全部产生。

以太坊的总体数量是按照众筹出售以太坊的数量来确定的。2014年7月，以太坊众筹了31531个比特币，当时出售的以太坊数量是60102216个，那么它的总量大概就是6000万+0.099*6000万+0.099*6000万，约等于7200万个以太坊。但这7200万以太坊和矿工关系不大，真正有关系的是每年增发的量，6000万*0.26=15626576，这1560万以太坊和矿工有关系。也就是说每年会产生1560万的以太坊供矿工挖取。这个0.099和这个0.26又是怎么来的？其实就是以太坊团队商定的数字。除了以太坊网络直接奖励的挖矿奖励外，矿工还可以收到区块链所有的交易手续费。所以，以太坊网络挖矿奖励的总额是每年

1560 万个以太坊 + 用户交易手续费。

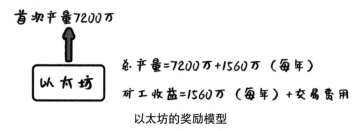

首次产量7200万

以太坊

总产量=7200万+1560万（每年）

矿工收益=1560万（每年）+交易费用

以太坊的奖励模型

具体来讲，以太坊的每个区块一开始奖励 5 个以太坊，后来更改为 3 个以太坊，最终还会过渡到 POS 机制，有一个动态调整过程。

	比特币	以太坊
总额	2100万枚	首次7200万枚
挖矿	2100万枚	1560万枚/年
增发	不	年增发1560万
剩余使用	无	开发、以太坊基金会

比特币与以太坊奖励机制

任潇潇：比特币区块链中所有的通证都是由矿工挖出的，没有任何增发，所以比特币加密货币系统是一个通缩的系统。而以太坊每年会增发一部分，有可能是通胀的系统。以太坊对开发人员和基金会等也留有部分奖励吗？

树哥：因为比特币奖励机制中没有给治理机构留有经济利益，所以社区志愿者等都是在做义务劳动。之后的区块链项目大都给开发方和运营方留有相应的通证，以保证项目的长远发展。当然，如果创始团队拥有过多通证，也会产生影响力中心化的问题，大家也不会太信任他们。

21 以太坊燃料

任潇潇：比特币和以太坊还有别的差异吗？

树哥：比特币和以太坊的诞生环境也不同。比特币是如何诞生的？密码朋克想建立一个去中心化的匿名加密货币体系，所以中本聪建立比特币的初衷就是创造一种去中心化的匿名加密货币，考虑的问题是：如何实现去中心化、如何实现匿名加密和安全、如何生成比特币、如何转移比特币。

因此，中本聪从来没有想在比特币网络上去实现其他功能。事实上，虽然比特币区块链可以执行脚本代码，但为了保障比特币的安全，中本聪甚至专门限制了一些循环和跳转指令。而以太坊区块链则不同，它生来就是为了实现"智能合约"，所以以太坊中有很多功能模块来实现这一点。其中，最核心的功能模块被称作"以太坊虚拟机"，它本质上就是一个计算机，可以执行各种"智能合约"。

执行"智能合约"是以太坊平台的一个非常重要的功能。所谓"智能合约"，就是指一段程序代码，这就意味着以太坊区块链平台具备了操作系统的一些特性，所以很多人也说以太坊是区块链世界中的第一个操作系统。

任潇潇：明白了。其实以太坊和比特币的底层相同，都是区块链系统，都架设在P2P网络之上。区别在于，比特币区块链是一个专有平台，只做比特币的发行和转账；而以太坊则因为有了以太坊虚拟机，更像一个通用平台，可以执行各种应用。以太坊和比特币之间的差异有点像智能手机和功能手机之间的差异。从纵向维度看，它们都可以划分成

	功能机	智能机	比特币	以太坊
网络层	2G,3G,4G,5G	2G,3G,4G,5G	P2P网络	P2P网络
核心层	通话模块，短信模块	通话模式 蓝牙模式 GPS模式 人脸识别	比特币区块链	以太坊区块链 以太坊虚拟机
应用层	打电话 发短信	各种应用 微信 游戏	转账 记账	各种应用 发币 迷恋猫

功能机 VS 智能机类比比特币 VS 以太坊

网络层、核心层、应用层。在这种情况下，功能机与智能机之间的关系如下：

- 网络层：均为通信网络。
- 核心层：功能模块。
  - 功能机：只有通话模块和短信模块。
  - 智能机：有各种功能模块。
- 应用层：功能。
  - 功能机：打电话、发短信。
  - 智能机：各种应用。

比特币和以太坊之间也很类似。

- 网络层：均为 P2P 网络。
- 核心层：功能模块。
  - 比特币：比特币区块链
  - 以太坊：以太坊区块链 + 以太坊虚拟机
- 应用层：功能。
  - 比特币：比特币转账和记账。
  - 以太坊：各种应用。

树哥：以太坊网络由于有虚拟机，所以在它的上层就可以执行智能合约，开展各种各样的应用。其他的公链也是如此，在核心层能增加不同的功能模块，自然就可以在应用层多出一些应用或者功能更加强大、运行速度更快。

正因为以太坊有虚拟机，可以执行自己的区块链代码智能合约，所以在以太坊区块链中就会有一些比特币区块链中没有的机制，比如以太坊的燃料机制。

以太坊燃料是什么

树哥：燃料的概念在比特币区块链中是不存在的，这是一种全新的机制。

因为任何人都可以在以太坊系统上发行和运行智能合约，所以很容易遇到一些恶意使用资源的人员，他们编写一些毫无用处的循环类程序大幅度消耗以太坊区块链的资源。为了避免这种情况，以太坊规定在以太坊系统上执行任何操作都需要支付一定的费用，这样一来，那些想恶意消耗以太坊资源的人其实损人不利己。这一手段阻挡了很多恶意攻击者。但在以太坊系统中支付的费用并不是以太坊，而是燃料 GAS，这个燃料我们可以理解为汽车的汽油。

为什么不用以太坊支付费用呢

因为以太坊在外部有流通，各个交易所都可以买卖以太坊，所以以太坊的价格波动较大，这时候就不能把它当作一个标准的消耗品。假如把以太坊当作消耗的标准单位，如果以太坊涨价 10 倍，则代表执行一段代码的成本涨了 10 倍，任何程序开发者都没有办法接受这样不确定的花费，大家都会挑选成本比较低的时候来执行程序，这并不利于以太坊的发展。

所以，以太坊就采用燃料 GAS 作为太坊区块链中的运行成本，例如一个加法消耗 3GAS，一笔转账至少需要 21000GAS，而创建一个账户则需要 32000GAS。这些 GAS 可以用以太坊来购买，由于以太坊的价格是波动的，所以其实 GAS 的价格也有波动。具体的波动完全依靠市场来调节，也就是说，任何一笔转账或者智能合约的执行都需要发起者确定 GAS 的价格。如果 GAS 价格太低，就没有矿工愿意为他打包，那么这笔转账或者程序就永远不能

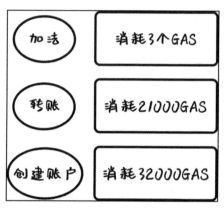

以太坊上每步操作都需要燃料 GAS

上链执行。如果 GAS 的价格让矿工满意，有矿工愿意为这个交易或者代码打包，那么这笔转账或程序就能上链执行。

发起者不仅要确定 GAS 的价格，还要给定自己愿意为这笔转账或者程序花费的最高金额。如果到达最高的金额还没有完成转账或者执行完成程序的话，那么所有的操作都会退回，已经消耗的 GAS 不会退回。如果转账完成或者执行完成，就把剩余的 GAS 退还给发起方。

燃料机制也是以太坊与之前的区块链项目的一个核心区别。自从有了燃料 GAS 机制，其后的各种区块链项目普遍考虑了如何使用区块链资源、如何确定资源成本等问题。

其实在比特币网络中一样有成本和花费的概念。不过由于比特币系统的主要应用是比特币的转账，所以比特币网络中有一个市场化的、动态的转账费用概念。如果矿工不满意我们支付的转账费用，我们的交易就有可能被延迟，这一点以太坊和比特币相同。只不过以太坊上的执行环境比较复杂，所以就制定了一个比较复杂的 GAS 机制。假如你想从

A 城市去 B 城市，想租一辆汽车过去。租车公司有个特别有意思的规定：租车价格由你自己确定。这就意味着，你出的价太低则没人租车给你，而价格高了便能很快租到车。

更有意思的是，你的报价不是总车费，而是汽油的单价。也就是说，你可以报汽油单价 10 元 / 升。

假如当前的成交市场价大约在 8 元 / 升，你报价 5 元 / 升则可能没人租车给你，报价 10 元 / 升就能快速租到车。

如果你从 A 城市到 B 城市总共使用 10 升油的话，你将付出的车费就是 100 元（10 升 *10 元 / 升）。

所以你一定会想到，如果当初出价不是 10 元 / 升，而是 9 元 / 升的话，总成本就会变成 90 元，那不就既能节省成本，又可以租到车了嘛！没错，也可以直接按照市场价 8 元 / 每升报价，虽然租车速度未必很快，不过也可以实现租到车从 A 城市到 B 城市。

如果你不知道 从 A 城市到 B 城市总共需要多少升油该怎么办？租车公司很贴心地帮你解决了这个问题。你需要确定这段路程你最多愿意花费多少升油，这样就会出现两种情况：

- 你定多了。假设你觉得自己最多愿意为这段路程付出 20 升油，而租到的车从 A 城市跑到 B 城市只花了 10 升油，多出来的这 10 升油会退还给你，下次还可以再用。

- 你定少了。假设你认为自己最多愿意为这段路程付出 8 升油，当你用完 8 升油但还没到 B 城市的时候，最有意思的事情会出现：租的这辆车会自动退回原点（A 城市），而用完的这 8 升油自然也不会退还了。

既然第一种情况是最理想的状态，那就直接给个最大值 1 万升好了，反正剩余的油也能退回来，何必再估算油量呢？

车辆没有到达终点油不够了

这个问题的关键在于，有些人可能会更喜欢上面的第二种情况，也就是损失了油量还没有任何收益，请看案例：

例如从 A 城市到 B 城市可能需要花费 100 升油，如果你确定的值是 1 万升，你真正支付的费用就是 100 升油 *10 元 / 升 =1000 元。这可能就会让你后悔，花这么多钱还不如直接坐高铁。这时候你就会想：如果把最大油费定成 12 升的话，最多也就浪费 120 元，这浪费的 120 元再加上高铁票 80 元也远远小于 1000 元。

总结起来，我们其实报过两次价：第一次是对汽油单价进行报价，第二次是对最大油量进行报价。

案例讲完了，里面出现了几个概念。

- GAS Price，燃料价格，就是我们对外报的汽油单价，案例中我们报了 10 元 / 升的价格。GAS Price 报得太低则没人愿意租给我们车，报得高则租车快但总成本也高。

- GAS Limit，燃料限制，指我们要确定的最多愿意花费的油量，一般要高于实际花费。定得太低就会发生用了油却又退回原地的悲剧。

- GAS Fee，燃料开销，指我们这段路程实际需要花销的油量，像案例中的 10 升油。所以 GAS Limit 要大于 GAS Fee。

- GAS Used，使用过的燃料。当一段路走完，GAS Used 应该等于燃料开销 GAS Fee，并小于燃料限制 GAS Limit。案例中如果将 GAS Limit 设置成 8 升，一段路没有走完就到了燃料限制 GAS limit，则车辆会回退到起点。

- GAS Cost，燃料代价。它要比上面介绍过的概念更具体一些，指车辆在不同路况下耗油不同，例如石子路 0.2 升，沙漠 0.5 升，高速路 0.1 升。

名称	概念	说明
燃料价格 gas price	用户对燃料的报价	每个 gas 可以值多少以太币
燃料代价 gas cost	某操作需要的燃料，如一个加法指令消耗 3GAS	price*cost=某操作需要花费的以太币
用过的燃料 gas used	已经使用过的燃料	price*used=已花费的以太币
燃料开销 gas fee	总共花费的燃料	price*fee=共需要花费以太币
燃料限额 gas limit	用户最多愿意的花费	限额应该大于开销 limit＞fee

燃料的概念

案例和概念都讲完了，我们再回到以太坊的费用机制上。

- 让虚拟机执行任何操作（转账、程序）都需要花费代价，这个代价就是燃料。而燃料代价 GAS Cost 和程序代码长度无关，只和复杂度相关。所以，以燃料作为系统的核算单位是最为方便的。

- 提交任务时，需要报燃料价格（GAS Price）并确定燃料限制（GAS Limit）。燃料价格过低，没有矿工愿意打包任务；燃料价格高，打包速度会快一些，不过总支出成本会增加，GAS Price 价格用以太坊来衡量。

- 任务的实际开销为燃料开销 GAS Fee，假设需要 10 万个 GAS。虚拟机执行完任务，使用过的燃料 GAS Used 就是 10 万个 GAS，等于任务的燃料开销 GAS Fee。

- 当燃料限制 GAS Limit 定成 8 万个 GAS，小于任务所需燃料开销 GAS Fee10 万个 GAS 时，使用过的燃料 GAS Used 会等于燃料限制 GAS Limit 8 万个 GAS，因为任务还没有完成就达到了 GAS Limit 限制，所以虚拟机会将任务还原，已经消耗的 GAS 不会退还。

22　以太坊虚拟机和智能合约的故事

　　任潇潇：我可简单理解为，以太坊就是一个操作系统，一些开发人员都可以在上面运行自己开发的程序，在以太坊上执行程序都需要消耗燃料 GAS。

　　程序开发人员需要给燃料报价，只有价格合适了才会有矿工帮忙打包，也就是说才能在以太坊上运行自己的程序。

　　程序开发人员还需要指定最大的燃料限额，如果已经达到了限额还没有完成程序的话，就不再执行，退回初始状态，而已经花掉的费用也不退回了。

　　树哥：以太坊虚拟机就是专门执行智能合约的机器。它和我们日常生活中使用的虚拟机有类似之处，也有不同。

以太坊虚拟机

　　任潇潇：我不仅听说过虚拟机，而且还用过。我需要用的一款软件只有 Windows 版本，而我使用的是 Mac 电脑。后来有朋友建议我在 Mac 电脑中安装 Windows 虚拟机。当我在 Mac 电脑中安装了 Windows 虚拟机之后，一些只能运行在 Windows 系统下的程序也可以在 Mac 电脑中使用了。

　　树哥：你说的这是虚拟机的一个

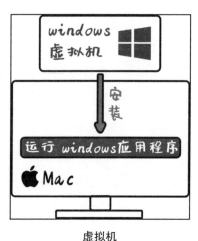

虚拟机

普遍应用，其实以太坊虚拟机同样如此，为了执行符合自己需求的程序代码，以太坊在各种操作系统中都虚拟出一个以太坊计算机，用以执行智能合约。也就是在 Mac 操作系统或 Windows 操作系统下再安装一个以太坊虚拟机的程序，然后在这个程序中执行智能合约。

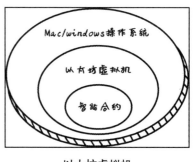

以太坊虚拟机

任潇潇：智能合约也是程序，那为什么不开发出 Mac 版本的智能合约和 Windows 版本的智能合约呢？难道必须做出以太坊虚拟机吗？

树哥：以太坊虚拟机存在于区块链体系之中，所以它的运行机理与普通虚拟机有很多不同。我们了解了比特币区块链后就知道，比特币区块链是每一个节点都有一个一模一样的账本，通过这些账本可实现账本安全、公开透明和不可篡改。而在以太坊区块链中，每个以太坊节点都有一个一模一样的以太坊虚拟机，它们会共同执行智能合约，并且相互校验，以保证代码的必然执行。

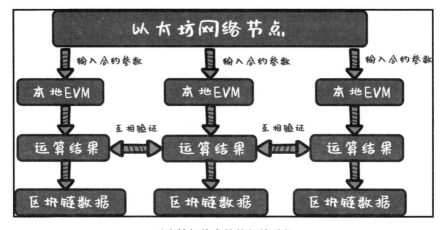

以太坊智能合约执行的过程

这一点和普通的虚拟机完全不同，普通的虚拟机只是把程序运行了一遍；而在以太坊网络上，相当于每个虚拟机都运行了一个同样的智能合约，即这个智能合约运行了成千上万遍。为了避免不同操作系统中程序的细微差别导致程序执行结果不同，有必要单独做一个虚拟机出来，把智能合约的执行环境完全和外部的操作系统隔离，这样可以确保智能合约在不同的操作系统中执行的结果相同。

任潇潇：比特币通过所有节点共同记账来保障信息不可篡改，以太坊是通过所有节点共同执行智能合约来保障强制执行。比特币不是也能执行一些脚本程序嘛，那么成千上万个比特币节点都执行脚本程序，这不就和以太坊虚拟机一样了吗？

树哥：以太坊的智能合约与比特币的脚本程序最大的区别就是，以太坊智能合约属于"图灵完备"，而比特币系统属于"图灵不完备"。

图灵的故事

1912 年，艾伦·图灵出生于伦敦，他父亲是英国驻印度官员，他是他们家第二个孩子。

艾伦·图灵

成就：1.数学家，可计算理论提出者。
2.计算机框架之父，图灵机（计算机概念原型机）的发明者。
3、人工智能之父，图灵测试的提出者。
4、计算机学界的诺贝尔奖--图灵奖的由来。

艾伦·图灵 10 岁的时候读过一本书，这本书提道：人体是一部复杂的机器。这句话对他影响巨大。

1926 年，14 岁的图灵进入中学。他对数学和科学产生了浓厚的兴趣，同时他和一个比他高一届的学长，和他有着共同爱好的克里斯托弗成了至交好友。

1929 年，克里斯托弗要考大学，为了和克里斯托弗在一起，图灵决定提前一年考大学。他们的目标是剑桥大学三一学院。这个学院非常知名，共培养出 32 位诺贝尔奖得主，牛顿、培根、拜伦、罗素等均从这里毕业。

可惜，人生的第一次打击快速而至，因为克里斯托弗考上了，而图灵没有考上。但更悲惨的是，他人生的第二个打击接踵而至——克里斯托弗很快就生病去世了。

从此以后，图灵就跟变了个人似的。他只爱跑步和数学，曾经拿到了马拉松锦标赛第 5 名的成绩，但由于生病没能参加伦敦奥运会，所以他也有运动员的身份。

在研究数学问题的时候，他对大数学家希尔伯特在 1900 年提出的"数学 23 问"中的第 10 问产生了浓厚的兴趣，即是不是所有的数学问题都是可以计算的。

图灵思考后发现，这是两问题。

第一个问题：是不是所有的数学问题都有答案？

第二个问题：如果有答案的话能不能算出来？

他很快就确认了，有问题没答案这种情况比较多，很多逻辑悖论便是如此。例如我对你说我是骗子，如果我是骗子，那我没骗你啊；如果我不是骗子，那这句话又明显是假话。这就是所谓的悖论，没有正确答案。

第二种情况，有没有算到地老天荒都算不出答案的问题？当然有，一个无限死循环程序即使用再快的超级电脑也算不出答案。

为了回答这个问题，图灵构想了一种机器，由一个盒子和一个无限长的纸带组成，输入问题后这个机器就可以自动运算，通过有限次运算就能得出答案的问题，就是可计算的问题。算到地老天荒还在算却得不出答案的问题，就是不可计算的问题。

他构想出来的这个机器就被称为图灵机，图灵机就是现在计算机的抽象模型。虽然这个图灵机只是虚构出来的计算机，完全忽略了硬件状态，但它对计算机学科的发展做出了巨大的贡献。

首先，被称为"计算机之父"的冯诺依曼因深受图灵机的启发而提出了计算机的基本模型，所以他一直坚称自己只是计算机的接生婆，真正的"计算机之父"是图灵。

其次，图灵机是一种抽象出来的通用型计算机，直到现在的量子计算机都没有脱离图灵机的概念限制。

图灵也一直记得小时候看到的那句话：人是一个复杂的机器。他一直在想能不能把机器做成和人一样，这就是人工智能的雏形，图灵提出了人工智能测试的标准，让机器与人交互，如果 30% 以上的受测者分不清对方是机器还是人，那就说明这个机器具备人工智能。这个测试后来被称作"图灵测试"，图灵也被称作"人工智能之父"。鉴于图灵对计算机行业的巨大贡献，所以计算机行业中的最高奖项就以他的名字命名——图灵奖。

这样一个才华横溢的人物，结果却在他 42 岁的时候英年早逝，令人扼腕叹息。

故事讲到这里，图灵完备的概念也就显而易见了：能实现图灵机所有功能的计算机或者计算机语言就可以称为图灵完备。比特币被称为图灵不完备的原因是，为了安全起见，比特币限制了一些功能强大的循环语句和跳转语句。而以太坊的智能合约是给不同的用户提供功能的平台，所以必须是图灵完备。

任潇潇：我明白了。图灵机就是抽象出来的通用计算机，满足图灵机的所有功能就是图灵完备，那么我们常用的编程语言 C++ 和 Java 都应该是图灵完备。有一些编制网页的程序语言应该就是图灵不完备。既然智能合约就是一段程序代码，为什么不直接叫程序？

以太坊智能合约

树哥："智能合约"这个名字还是一个密码朋克起的，他就是尼克·萨博。他是比特金的发明者，也有很多人怀疑他是中本聪。

1995年，尼克·萨博就提出了智能合约的概念。智能合约就是一套以数字形式定义的承诺（Promises），包括合约参与方可以在上面执行这些承诺的协议。发明以太坊的维塔利克借用了这个名字，用来描述在以太坊虚拟机中执行的代码。

智能合约虽然也是程序代码，但它有如下特性：

第一，代码即法律。不同于中心化节点，区块链上的智能合约一经部署便复制到全网节点，满足条件会自动执行，所有人都可以看到但无法修改，即使代码的创始人也无法终止。

第二，机器信任。不同于传统信任中心或第三方，智能合约的履行完全靠机器代码完成，不依赖任何第三方或权威中心机构，因此变中心信任为机器信任。

第三，功能相对弱。中心化服务器的软件功能非常强大，但区块链上的智能合约受限于区块容量、出块速度和区块链本身的网络带宽等多种因素，功能远没有中心化服务器那么强大。

第四，外部数据交互难度大。块链的智能合约和外部数据交互难度大一些，与传统互联网的方式不同。

ERC 智能合约模板

任潇潇：智能合约和传统程序有这么多的区别，那开发起来一定难度很大吧？

树哥：其实任何人都可以在以太坊平台上开发智能合约，甚至以太坊也提供了一些标准的智能合约模板 ERC 供程序员开发智能合约，利用这些标准模板几分钟就可以发行自己的智能合约。我们曾经谈到的空气通证，就是利用以太坊的智能合约模板更改而来的。

大家常说的 ERC20 或者 ERC721 都是 ERC 智能合约的模板。

ERC（Ethereum Request for Comments）就是以太坊请求评议，汇聚着和以太坊相关的技术文件，同样，ERC 后面的编号就是 ERC 顺序文档，每个 ERC 文档都有一个编号，这个编号永不重复。也就是说，由于技术进步等原因，即使是关于同一问题的 ERC，也要使用新的编号，而不会使用原来的编号。

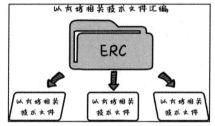

ERC

提到 ERC，很多人第一时间想到的就是 ERC20，因为很多通证方案都采用了 ERC20 的方案，当然我们也常听到 ERC721，这也是一种通证方案，两之间有什么区别呢？在说它们的区别之前，我们先了解一下原生通证和代替通证。

像比特币、以太坊这样由比特币网络和以太坊网络产生的币种就是原生通证。

在他人的公链平台（如以太坊）上发行的代表自己网络原生通证的代替型通证则为代替通证。

例如 EOS 在上线之前，也是在以太坊上发行通证。所以，我们在以太坊上发行的都是代替通证。代替通证也有两种类型：可互换通证（Fungible Token）和不可互换通证（Non-fungible Token）。

可互换通证是指互相可以替代的通证，类似于积分通证。不可互换通证是指唯一的、不可替代的、大多数情况下不可拆分的通证。例如电影票，每个影院、每个场次、每个时间段的电影票都是唯一的，都应该唯一对应到一个物理座位。

可互换通证的代表就是大名鼎鼎的 ERC20，毫无疑问它是进入大规模通证时代的支撑。此外，可互换通证至少还有以下协议提案：

- ERC223，在 ERC20 基础上增加了回滚函数，以便更好地处理错误。

- ERC621，在 ERC20 基础上增加了增加和减少通证贡献量的函数，用了增减通证供应量。

- ERC827，在 ERC20 基础上增加了交易函数和通证授权函数，支持第三方在用户授权情况下直接使用用户通证。

- ERC777，在 ERC20 的基础上有了较大的改进，可以视为 ERC20 的高级版本，可兼容 ERC20 的所有应用程序。

不可互换通证的代表是 ERC721。有人以此开发出曾经风靡区块链界的迷恋猫，迷恋猫曾让整个以太坊拥塞无比。每一只迷恋猫都是独一无二的，最贵的一只迷恋猫价格曾达到 200 万美元。

不可互换通证的相关协议提案还有：

- ERC875 钱包的协议提案，目标是把人、事、物、权进行通证化。

- ERC948 订阅通证，可以实现一些订阅类的功能。

- ERC884 白名单通证。可以将通证持有者列入白名单，并作为通证的组成部分。

既然是提案的文件汇总，那么这些提案就不光有通证相关的协议，还有其他很多方面，例如 ERC55 混合校验地址编码、ERC137 以太坊域名服务规范、ERC162 初始域名哈希注册、ERC165 标准接口检测、ERC181 ENS 对以太坊地址的逆向解决方案支持、ERC190 以太坊智能合约打包规范等。

以太坊现在更新了虚拟机，原来的虚拟机被称为"EVM"，而更新的虚拟机则被称为"eWASM"，将来可以支持市面上流行的语言，可以让更多的开发者用自己熟悉的语言在以太坊虚拟机上进行开发工作。

23 The Dao 事件

任潇潇：我觉得以太坊这个平台具有革命性的影响力，这真是天才的想法。智能合约的强制执行也让人痴迷，我觉得未来的合同几乎都能用智能合约写成。

树哥：不过任何伟大的事业都会经历磨难，作为区块链 2.0 的以太坊自然也不可能总是顺风顺水。

任潇潇：比特币曾因为黑客攻击而产生过 1840 亿枚比特币，难道以太坊也遭遇黑客了？

树哥：以太坊这次遭遇的问题确实是黑客攻击引发的，不过黑客攻击的对象不是以太坊，而是以太坊上的一个项目，也就是一个智能合约。这次攻击引发的争论造成整个以太坊社区的分裂，以太坊社区最终分裂为以太经典和以太坊两个社区。

以太坊作为运行智能合约的网络平台，运行着数千个项目的智能合约，为什么黑客攻击其中一个项目的智能合约就能带来这么大的麻烦呢？根本原因在于这个项目当时实在太火了，就连负责运营以太坊的以太坊基金会也都深入参与了，所以这个项目出了问题才导致这样严重的后果。

众筹智能合约

树哥：ERC20 智能合约是一个发行通证的标准智能合约。任何人使用这个标准模板，花几分钟时间修改几个参数（如通证名称、简写字母、生成总量、小数点位数），就可以生成一个代替通证。在这个

智能合约标准模板上也很容易增加一些简
单功能，例如，任何地址给本地址转移若
干以太坊，本地址都会返回给对方地址一
定数额的通证，这就是一个标准的众筹智
能合约。

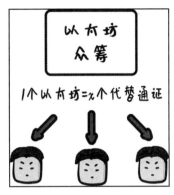

通过以太坊众筹

　　任潇潇：我参加过一些项目的众筹，
就是把自己的以太坊转到指定地址，项目
方地址会自动将他们的通证转回，我等到

通证在交易所上线之后再进行交易。听您这样一说，原来就是利用一个
众筹的智能合约，检测到从哪个地址收到了以太坊，然后按照一定比例
给这个地址返回通证。

The Dao 项目

　　树哥：由于比特币和以太坊的出现，越来越多的人开始对去中心化
的网络感兴趣，也在探讨这样去中心化的形式能不能拓展。也就是说，
不仅是计算机网络的去中心化，而且是组织的去中心化。

　　后来大家把这样的去中心化组织称作"DAO"（Decentralized Autonomous
Organization），也即去中心化自治组织。因为去中心化，所以就没有中心
机构的管理，自然需要进行自治。那么如何实现自治呢？一般都是通过
投票方式进行表决，当然投票方式可能略有差别。例如，1 人 1 票或 1
股 1 票等。

　　德国初创公司 Slock.it 参与了 DAO 的创建，他们决定做一个基金类
的项目，利用以太坊平台来向公众募集以太坊，以太坊基金会把这个项
目命名为 The DAO。

　　The DAO 项目的逻辑在于：每个给 The DAO 项目转以太坊的人都
可以按照比例获得 DAO 通证。

　　DAO 通证有什么用处呢？其实主要用于投票和分享收益，可以简单理解成股票。基本机制如下：投资者转以太坊给 The DAO 项目，获得 DAO 通证（可以理解为投资占股）；各种需要融资的项目向 The DAO 申请投资；The DAO 投资者按照 DAO 通证比例投票，确定投资哪些项目；获得 The DAO 投资的项目，将 The DAO 的资金转入到子 DAO 中，过一段时间后就可以动用这笔资金；The DAO 的初始投资者可以按照 DAO 通证比例获得 The DAO 投资项目的收益（可以理解为股票分红）。

　　任潇潇：我理解了。The DAO 项目与我们熟知的投资逻辑相同，投资者以投资金额占比来分配股权，将来再投资哪些项目是以股权比例投票进行决策，收益也按照股权比例来确定。不过为什么不直接把资金转给被投资的项目，而要转到一个子 DAO 之中呢？

　　树哥：这个问题很好，这也是 The DAO 组织制定的一个安全阀机制，主要是为了避免拥有大量 DAO 通证的大股东过于独断地转移资金，也有防止项目方乱用资金的用意。

　　正是因为这样的安全阀机制，在项目遭遇黑客攻击时，黑客将无法在第一时间将资金转走，这些资金在一定时间内锁定在这个子 DAO 中。而由如何处理子 DAO 中的资金引发的一场论战导致以太坊社区分裂。

遭遇黑客

　　树哥：以太坊上线之前就借助比特币募集了约 1840 万美元，上线后很快成为市值第二的匿名加密货币，受到无数人的追捧。而以太坊年轻的创始人，1994 年出生的 Vitalik Buterin 则被业界尊称为 "V 神"，此时已与中本聪平起平坐。所以作为以太坊上线的最火热的项目，The DAO 被所有的投资人当成 "可以

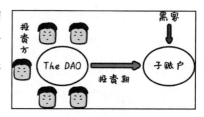

The DAO 项目遭遇黑客

下金蛋的鹅"也很正常。The DAO 项目于 2016 年 4 月 30 日开始募资，100 个 DAO 通证兑换 1~1.5 个以太坊，募资的窗口期为 28 天。很快，参与募资的投资者就超过了 11000 名，以太坊基金会的多名成员也参与其中。这次募集的以太坊有 1200 万个，占以太坊总数的 14% 左右，估算金额超过 1.5 亿美元，远远超过项目发起方的预料。这时候，也有 50 个区块链项目等待 The DAO 投资者们投票决定是否投资，一切看起来都是那么美好。

如果把以太坊当成一个区块链操作系统的话，The DAO 就可以理解成运行在上面的一个应用程序，只不过是智能合约形式的代码而已。这一次以太坊平台的代码没有问题，而 The DAO 的智能合约代码却出了问题。

出了什么问题呢？

一般转账的流程是先扣余额，再进行转账。但智能合约中这两条代码反了，变成先转账，再扣余额。在非正常情况下，先转账再扣余额可能导致如下现象：钱转走了，但余额不够扣。

黑客就充分利用了这个漏洞，在转账的时候采用递归调用的方式来一遍遍转账。2016 年 6 月 17 日，黑客将 The DAO 项目募集的 360 万个以太坊转移到一个子 DAO 之中。不幸的是，黑客不断采用相同的方法来转移以太坊而没有引起项目方的关注。幸运的是，按照融资规则，黑客在 28 天内不能将这笔资金转移出去。

解决方案

黑客已经转走的 360 万个以太坊相当于 The DAO 项目资金池 1200 万个以太坊的 1/3，而 The DAO 项目募集的 1200 万个以太坊约占当时以太坊总量的 14%。所以，无论是黑客事件对 The DAO 项目的影响，还是 The DAO 项目对以太坊的影响都极为重大，黑客事件处理不好就会给以太坊带来重大危机。

V神紧急在社交媒体上发布了一个公告：The DAO项目受到黑客攻击，请各大交易所暂停The DAO的交易和提现。意思很明显，DAO通证可能有危险，别再用以太坊购买DAO通证了。

这个通告其实起不了太大作用，最直接的作用就是以太坊的价格应声跌破13美元，也让已经投资The DAO的投资者拼命想拿回自己的资金。不过这并不容易，作为一个去中心化自治组织，其任何决策都需要社群投票来决定，至于怎么做则有不同的方案和建议。

方案一：堵塞以太坊网络。

有人提出不断往以太坊上发垃圾交易来堵塞以太坊，延缓黑客转移资金的速度。这有点像让电脑不断执行垃圾程序，从而变慢甚至死机，不让它执行有害的程序。

方案二：用软分叉锁死DAO及子DAO中的以太坊。

也有人提出发布一个新的软件代码，该代码可以锁死DAO和子DAO资金池中所有的以太坊，这样黑客无法转走任何一个以太坊，不过原始投资者也不能转走。当然，需要足够多的矿工来运行这个新的软件代码，这样就形成了软分叉（分叉后还是一个链条）。这个方案相当于在DAO和子DAO的资金池上加了一把安全锁，先保障黑客在28天后也不能转走资金，再讨论如何解决The DAO项目投资者的资金问题。

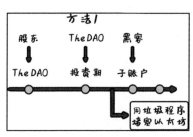

堵塞以太坊方案

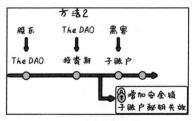

软分叉锁死资金

方案三：用硬分叉重新回到The DAO众筹的起点。

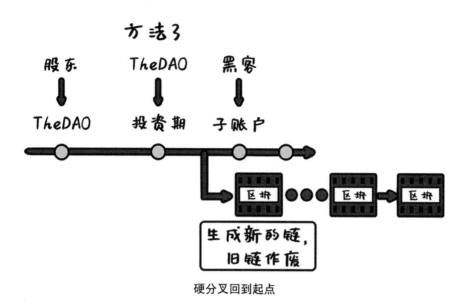

硬分叉回到起点

这个方案就是进行一次硬分叉，在 The DAO 众筹的起点区块对以太坊区块链进行重新挖矿分叉，这样所有给 The Dao 投资的投资者的以太坊会返回他们自己的钱包，而黑客所盗取的以太坊也将清零。

争议四起

毫无疑问，第一个堵塞以太坊网络的方案对于解决问题没有什么太大用处，而且为了解决一个以太坊项目的问题而影响以太坊上其他所有项目似乎也说不过去。

软分叉方案和硬分叉方案都需要以太坊重新运行软件，因而需要社区投票和矿工运行软件，这就引起了广泛的争论。

一种观点认为：以太坊是"代码即法律"的典范，这一切都由珍贵的广泛共识凝集而来，着实不易。而 The DAO 只是以太坊上的一个项目而已，以太坊基金会深度参与其中已经很不明智了，如果再通过分叉来解决这个问题，那便是对去中心化的亵渎，是对已经形成的宝贵共识的伤害，当然也会降低大众对以太坊网络的信任度。最关键的是，如果现在用分叉方式解决 The DAO 项目的问题，将来其他项目有问题又分叉，那么以太坊的所谓去中心、不可篡改就是一个笑话而已。

另外一种观点认为：The DAO 项目对以太坊项目影响巨大，处理不好会让众多投资者受到巨大损失，进而引发众多法律问题。另外，任何事物的发展都有一个过程，在生死关头再以"洁白无瑕"来要求以太坊就过于理想主义了，这是殉道者的做法，而不是一个成功项目该有的选择。更何况，绝对不能让黑客这么轻轻松松就掳走众多投资者的财富，作恶不能没有惩罚。

讨论最激烈的时候，自称"黑客"和所谓"中间人"的帖子又在各大论坛热转。"黑客"和"中间人"鼓励大家投票反对分叉，并声称将提供 100 万个以太坊和 100 个比特币来奖励反对分叉的投票者和矿工。"黑客"还说，自己凭实力转走的以太坊，凭什么要通过分叉被剥夺，如果强行分叉，他将寻求法律帮助。

更有意思的事情发生了，有一些白帽子黑客说既然黑客能用这样的手段把以太坊转走，那他们也可以用相同的手段把以太坊先转到安全的地方，等大家讨论出具体的解决方案再说。这些白帽子黑客把自己的行为称作"罗宾汉"，说干就干，很快就把 The DAO 资金池的剩余以太坊用黑客的方法都转移到了所谓安全地址。

社区分裂

经过异常激烈的讨论，大多数人还是支持进行硬分叉，毕竟众多的以太坊投资者和 The DAO 项目的投资者都想尽量挽回损失。另外，他们也不想眼睁睁看着以太坊因 The DAO 事件的爆发而陷入更深的危机。

2016 年 7 月 20 日，以太坊的硬分叉方案顺利实施，所有以太坊和 The DAO 项目的投资者都终于松了一口气，因为这代表着自己的损失得以挽回，而黑客则白忙活了一场，什么也没有捞到。

硬分叉之后，一条退回原点重新挖矿的链条产生了，社区成员和大多数矿工都在这个新的链条上延伸区块链，这条链使用了

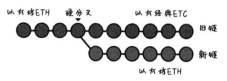

ETC 的由来

以太坊原来的名字 ETH。而原有的那个以太坊链条却没有废止，因为依然有一批人坚定地认为区块链不可篡改的精神无论发生什么事情都不能变，这是区块链的基本原则。他们依旧在原有的链条上挖矿，这个原有链条被称作以太经典 ETC。

就这样，一个链条被分叉成两条链（ETH 和 ETC），算力分属于不同的链条；而原有的以太坊社区也逐渐分裂成两个社区。2016 年 7 月，ETC 社区还专门发表过声明，称以太经典和以太坊基金会不再有任何关联。

以太经典 ETC 也纷纷上线各大交易所，开始走上一条属于自己的道路。

任潇潇：The DAO 事件还真是跌宕起伏啊。我以前听说过以太经典 ETC，但一直不知道它是怎么产生的。听您一说，可以理解为新的以太坊从以太经典上分叉出来，而以太经典是原有的以太坊区块链改名得来的。

树哥：是这个意思。The DAO 事件其实也给很多区块链项目敲响了警钟，一行代码毁掉一个区块链项目这种事一点也不罕见。现在几乎所有的区块链项目都会进行代码审计，尽量避免因为代码问题而存在重大的安全风险。当然，以太坊社区也进行了深刻的反思，然后做了一些改变，如限制单个项目的总金额、尽量减少智能合约的复杂性、完善去中心化投票机制等。

24 柚子 EOS

树哥：因为比特币是第一个区块链项目，所以学习比特币的过程就是了解区块链技术的过程；因为以太坊是区块链世界中出现的第一个操作系统，所以学习以太坊的过程就是了解区块链操作系统的过程。通过学习以太坊，我们可以理解区块链上的账户体系、通证抵押或者消耗方式、智能合约形式以及执行智能合约的核心部件——以太坊虚拟机，而 The DAO 事件可以帮助我们理解去中心化程序执行中出现的问题和解决方案。之后的区块链项目虽然采用不同的技术，但大致的逻辑和处理方案都差不多。

以太坊最初规划了四个阶段：第一阶段，Frontier（前沿）；第二阶段，Homestead（家园）；第三阶段，Metropolis（大都会）；第四阶段，Serenity（宁静）。

其实以太坊发展的速度很快，当前处于从第三阶段向第四阶段过渡的阶段，也被称作以太坊 2.0 阶段。以太坊 2.0 阶段可简单分为以下三个步骤。

步骤一：信标链（Beacon Chain）的实现。将以太坊从前三个阶段的 POW 共识机制变更成 POS 机制。

步骤二：分片的实现。将整个以太坊进行分片，智能合约分片执行程序可大大提升以太坊的执行效率。

步骤三：将原有的以太坊 1.0 作为以太坊 2.0 中的一个分片，继续服务其上的智能合约。

任潇潇：这三个步骤具体是什么意思？

树哥：第一步，以太坊从工作量证明机制过渡到权益证明机制之后，就不需要再进行挖矿了。第二步，以太坊分片后，原来由全网所有节点执行相同的智能合约变成一个分片内执行相同的智能合约，也就是说，如果有 1000 个分片就可以同时执行 1000 个智能合约，效率会提升 1000 倍。第三步，说明以太坊 2.0 建立之后可以兼容以太坊 1.0，原有的智能合约都不受影响。

其实谈到区块链操作系统，有个项目也非常火爆，被大家认为是以太坊强有力的挑战者。不过它在上线之前一直顶着一个"50 亿美元的空气"的大帽子。

"50 亿美元的空气"的由来

树哥：在自己的区块链上产生的加密货币就是原生通证，这是以太坊出现之前加密货币的主要产生方式。以太坊的出现改变了这一状况，任何人都可以在以太坊上利用 ERC20 标准智能合约模板发行属于自己的加密货币，而不需要真正拥有自己的区块链。在以太坊上发行的加密货币被称作"代替通证"，也就是替代原生通证的加密货币。

之后，以太坊上的代替通证满天飞，再结合以太坊可以执行智能合约的功能，一种通过项目募集资金的手段开始快速流行。具体来讲，普通用户可以用自己手中的以太坊购买项目方发行的代替通证，这样项目方通过出售自己产生的代替通证就可以募集到很多以太坊。这种方式被称作"通证发行募资"。

一时间，此类募资项目大批涌现，一个极其另类的项目也随之出现，即 EOS 项目。与普通的项目募资期为几天到一个月不同，EOS 项目的募资期竟然是整整一年。EOS 把募资期分为两个阶段：第一阶段是 2017 年 6 月 25 日至 2017 年 6 月 30 日，这个阶段出售 2 亿个 EOS，兑换比例约为一个以太坊换 306 个 EOS；第二阶段为 2017 年 7 月 1 日至

2018 年 6 月 2 日，每天发售 200 万个 EOS，兑换比例根据当日投入以太坊的总量确定。

不得不说，EOS 募集很成功。第一阶段在中国区域仅 5 天就募资 1.85 亿美元，而且其在中国有个好听的名字：柚子。代替通证上交易所后立刻有了数十倍的涨幅，到 2017 年 7 月 2 日，整个 EOS 的市值约为 50 亿美元。之后价格快速回落，众多在交易所高位接盘者损失惨重，也有众多投资者纷纷表示：还没有区块链项目的 EOS 是价值为 50 亿美元的空气。这就是 "50 亿美元的空气" 的由来。

任潇潇：原来如此。很多人由于追炒柚子而损失惨重，质疑 EOS 是骗人的项目，是价值 "50 亿美元的空气"。不过，我有点不太理解第二阶段 "兑换比例根据当日投入以太坊的总量确定" 的具体意思，最后募资的结果怎么样了？

树哥："兑换比例根据当日投入以太坊的总量确定" 大概意思是，用当日筹集的以太坊的总价来确定当日众筹的每一个 EOS 的价格。因为众筹周期为一年，而代替通证也会上交易所交易，所以如果募资价格是静态的，可能交易所的价格会影响众筹效果。采用这种方法后，第二阶段募资的价格是动态价格，可以和交易所价格互相联动，不会太影响众筹效果。事实也证明了这点，到两个阶段的募资结束时，参与募资的人员大约有 20 万，总募资额度大约有 43 亿美元。这个募资额度约为谷歌（27 亿美元）和 Twitter（21 亿美元）的 IPO 总额，也是现有众多区块链项目中额度最大的。

任潇潇：无论怎么说，在没有任何区块链项目的情况下，达到这么高的募资额度无疑是极为成功的。在区块链主网没有上线的情况下，公众怎么会相信这是一个前途无限的项目呢？

树哥：除了 EOS 区块链白皮书本身让大家觉得有前景外，还有一些人为因素，例如区块链大佬的支持对众筹助力极大。况且，EOS 的创始人 BM 本身就是一个话题人物，属于技术和社区运营的天才，极其擅长炒作宣传。

BM 其人其事

树哥：BM 的真实名字叫 Daniel Larimer，BM 是 ByteMaster 的缩写，而 ByteMaster 则是他在一个程序员协作网站 Github 上的网名。BM 从小就喜欢编程，虽然他的老爸 Stan Larimer——一个火箭和无人机设计专家，也是一名资深程序员，曾经

BM生平：区块链交易所BitShare创始人，区块链媒体平台Steem创始人，区块链操作系统EOS创始人。

想把他培养成一个棒球运动员，还好他失败了。

BM 在 2010 年知道了比特币，继而研究比特币。当他发现门头沟交易所因为在管理用户资产方面存在漏洞而屡屡遭受用户攻击时，便于 2013 年创建了 BitShare 去中心化交易所。为了实现货币的全球兑换，他还发明了对标美元、对标人民币、对标欧元等期货合约。

不过由于一些分歧，BM 最终离开了自己创立的 BitShare。2016年，他又开发了 Steem 区块链，并在其上开发了一个社交媒体应用 Steemit。Steemit 采用内容激励通证的方案，任何提供内容者都可以获得通证奖励，有位作家因一篇文章得到相当于 15000 美元的通证奖励而出名，于是很多内容创业者蜂拥而至。但当 Steemit 稳定后，他再一次离开了。

2017 年，BM 再一次启程开发 EOS，EOS 采用的技术来源于 BM 在前两个项目上的积累和思考。BM 也成为区块链行业内少有的连续创造了三个成功项目（BitShare、Steemit 和 EOS）的人。也正是因为他屡屡离开创始团队，有些人称 BM 创业项目最大的风险点就是 BM。虽然

BM 强调 EOS 是自己终生的项目，但每次传出 BM 离开 EOS 的谣言都会导致 EOS 价格下跌。

任潇潇：虽然区块链是去中心化的项目，但有关创始人的传言也会对项目影响巨大。我现在更能理解为什么中本聪销声匿迹，不再发表关于比特币的言论了。作为区块链 3.0，柚子 EOS 有什么殊特性吗？

树哥：EOS 在一些方面有了新的技术和思路。

EOS 技术

树哥：EOS 和之前的区块链项目不同的是采用了由 BM 发明的 DPOS 共识机制。DPOS 共识机制最早在 BM 的区块链项目 BitShare 中被采用过，后来又在 Steemit 中使用，EOS 中采用的是经过多次优化的 DPOS 版本。

在所有的区块链项目中，最重要的是如何选择区块生产者。比特币采用算力竞争的方式来确定区块生产者，这种方式被称作工作量证明。以太坊的第三阶段逐渐转换为通过比较"通证年龄"，也就是拥有通证的数量和持有时间的乘积来确定区块生产者，这种方式被称作权益证明。而 EOS 则是通过拥有 EOS 的人投票来选出 21 个超级节点，进行轮流记账。

具体来讲，以 126 个区块为一轮来生产区块，每轮都会投票选出 21 个不同的区块生产者，这 21 个区块生产者会按照一定顺序（顺序由 15 个以上的区块生产者商议确定）生产区块，每个生产者总共会生产 6 个区块。如果某个区块生产者没能生产出区块，并且在 24 小时内也没有生产出任何区块，则会被移出区块生产者行列。

EOS 的出块时间为 0.5 秒，是以太坊出块时间 15 秒的 1/30，是比特币出块时间 10 分钟的 1/600。选举出的 21 个区块生产者是受到广泛信任的，他们彼此相连，按生产者顺序轮流出块，同步区块一轮基本需要 80 毫秒，这样就获得了一个稳定、低时延的连接网络。所以，EOS 出块的时间设置成 0.5 秒很安全。

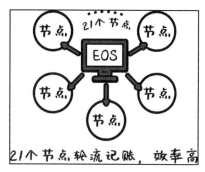

EOS 的技术特色

任潇潇：明白了，因为 EOS 采用了 DPOS 方式，所以区块生产者很容易就被选定了。由于 21 个节点进行区块记账，效率自然就高了很多，出块时间短也是理所当然的。可是这样怎么能保障区块生产者不作恶呢？

树哥：这个问题非常好。为了保障这 21 个区块生产者不作恶，EOS 系统形成了一些机制。例如，每一个区块生产者都需要在系统中抵押大量的 EOS，如果区块生产者正常生产区块，系统每年会奖励 EOS，如果有作恶行为就会扣除其抵押的 EOS，并将其移出区块生产者行列。另外，任何运行所有数据的全节点都是验证节点，会验证这些区块生产者生产的区块是否正确。更何况，其余的区块生产者也会对区块进行验证及签名，有 15 个以上的区块生产者对区块签名后，才能确认这个区块合法且不可篡改。

任潇潇：我明白了。比特币和以太坊是所有节点都验证后才能存入区块，所以效率也会受到一定影响。而 EOS 则相信绝大多数情况下区块生产者都是合法节点，因为它们都抵押了大量的资产，所以采用先生产区块再验证的方式就可以极大地提升出块效率。使用以太坊的资源需要消耗 GAS，那么在 EOS 中是否有类似的机制呢？

树哥：EOS 采用的是和以太坊不同的经济模型，在 EOS 中进行的任何操作都"免费"，不过这是有前提条件的，那就是抵押自己的 EOS，等使用完相应资源后可以赎回。如果自己没有 EOS 怎么办？只有去买 EOS 或者向别人租用 EOS，这种模型叫"分时享用"，意思是如果拥有 1% 的 EOS，就有资格使用全网 1% 的资源，以鼓励大家持有 EOS。

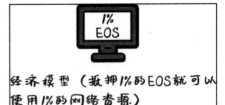

EOS 的经济模型

任潇潇：使用 EOS 系统需要抵押 EOS，而获得 EOS 需要花钱，这样一来，EOS 也相当于在系统中有了使用渠道。我前一段时间听说 EOS 的内存涨价，很多人都开始炒 EOS 内存，这是怎么回事？

树哥：这已经不属于技术范畴了。EOS 的内存属于稀缺资源，当时整个 EOS 网络的内存资源只有 64G，所以很多人想先用 EOS 抵押占据内存，等有人需要时再高价转让以获取利益。不过，这一波使用 EOS 买卖内存的人基本都是炒作者，不属于真正的内存使用者。而且 EOS 系统只要对内存扩容就不存在这样的问题了。当然，这也给 EOS 提了个醒：会有一些炒作者占据稀缺资源，炒高价格获利，从而增加真正使用资源的开发者的成本，这对 EOS 生态没有好处。

其实 EOS 还有很多特色，如解决了私钥丢失的问题。在区块链行业，因为私钥丢失而损失个人资产的事例比比皆是。而 EOS 允许信任账户拥有访问权限，这个信任账户需要提前设定，而且需要提供相关密钥。EOS 采用了与以太坊虚拟机不同的虚拟机架构，让 EOS 可以执行 C++ 语言开发的智能合约。因为 C++ 语言已经是非常成熟的语言了，有着极其丰富的功能类库，可以很方便地进行调用，不像以太坊采用的 Solidity 语言，智能合约需要的很多功能类库还需要自己进行编写。

任潇潇：EOS 在易用性上比以太坊有了一些提升，而且在支持开发上因为采用了不同的虚拟机，可以直接使用 C++ 语言编程，就像可以使用一些结构件来搭建屋子，而以太坊只能使用砖头自己搭建。

树哥：大致是这个意思。不过需要说明的是，EOS 和以太坊是竞争型的项目，以太坊也在通过不断升级和扩容来解决自己的问题，目前以太坊即将进行以太坊 2.0 的改造，所以未来结果怎么样，还未可知。

25 星际文件 IPFS

任潇潇：以太坊和 EOS 都是新一代的操作系统，都和传统互联网的操作系统有很大区别，那区块链有没有可能颠覆互联网？

树哥：区块链被称为互联网发展的第二个阶段，所以不应该叫颠覆。区块链最大的特点是数据不可篡改，与互联网的使用场景不同。

近几年出现了一种新兴技术——IPFS，倒是有可能对传统的互联网形成挑战。

IPFS 本质上是一组协议，和 HTTP 协议类似。你了解 HTTP 吗？

任潇潇：一般网址最前面带有 HTTP，而且我听说 HTTP 叫"超文本传输协议"，别的就不了解了。

树哥：HTTP 就是超文本传输协议，它是互联网的基础。HTTP 本质上是一组存储文件、寻找文件、展现文件的协议。它规定了服务器和客户端之间的文件传输规范。

IPFS 也是一组文件管理协议，全称为星际文件系统。它和 HTTP 最大的差别在于：HTTP 是中心化（服务器—客户端）的文件存储方式，IPFS 是去中心化的文件存储方式。

任潇潇：区块链也采用去中心化的方式存储账本，IPFS 的存储方式和区块链的存储方式有什么不同？

树哥：目前的区块链项目都还是以传统互联网为基础，是通过每个电脑终端都保存一模一样的账本来实现去中心化，保证账本不可篡改，但问题是会占据很大的存储空间，存储效率比较低。而 IPFS 在更底层就采用去中心化方式管理文件，一份文件不用全网都保存就能实现不可篡改，存储效率更高。另外，包括图像、视频流、分布式数据库、操作系统、区块链等在内的所有数据类型都可以使用 IPFS 网络。

任潇潇：HTTP 存储文件的方式有什么问题吗？

HTTP 存在哪些问题

树哥：HTTP 确实存在一些问题。

第一，网络安全得不到保障。

HTTP 是一个中心化的服务器和客户端的结构，所以服务高度依赖中心化网络的安全性。服务器作为网络中心会面临各种风险，如何保障服务器的安全就成为一个重要的考量。所以在服务器维护方面有一个 SLA 指标，SLA 指标必须达到 99.9% 以上才能提供服务。但是，由于服务器存在如下一些风险，所以要达到这个稳定性要求必须做出巨大的经济投入。

- 网络攻击风险。当服务器遭到攻击时会影响到所有的用户。据腾讯云统计，2013 年全年的 DDOS 攻击仅为 300Mbps 左右，而 2018 年仅上半年的 DDOS 攻击的峰值流量就达到 1.7Tbps，而且可能之后会越来越严重。

- Internet 骨干网络的风险。因为服务过度集中，所以就让数据中心高度依赖 Internet 骨干网络。当 Internet 骨干网络出现问题时，也会影响客户的服务。2015 年 5 月 27 日下午，部分用户反映某某宝出现网络故障，账号无法登录或无法支付。某某宝官方表示，该故障是由于杭州市萧山区某地光纤被挖断所致，这一事件造成部分用户无法使用支付业务。

第二，网络效率不够高。

内容需求场景大多非常分散，例如，一部热播电视剧的观众分布在全国各地，也就是说，全国的客户端都需要到视频服务器上取数据。这样的模式比较低效，服务器也需要较高的带宽。

虽然视频内容提供商会采用 CDN 内容分发的模式，通过在全国建立一些内容分发的服务器来提升转发效率，但即使这样也会有两个问题：一是 CDN 网络成本高昂，据某视频上市公司材料显示，其每年的 CDN 分发费达上亿元；二是分散在全国各地的依然是小中心的模式。随着用户越来越多，需要投入越来越多的成本建立更多的分发中心。

第三，很难保护数据隐私。

- 数据安全。我们存储于云盘的文件的安全性，不取决于我们自己，而是取决于云盘运营商的安全水准。由于云盘运营商不再经营而导致数据丢失的事件并不少见。

- 隐私安全。由于中心化云盘存储了整个文件，任何有权限访问云盘的人员都有可能会侵犯我们的隐私。

在 HTTP 这种中心化服务器模式下，中心化服务器遭受攻击，也可能导致我们的隐私数据泄露，对我们的财产产生巨大危害。例如，成立于 1899 年的 Equifax，作为老牌征信机构，掌握着大量美国消费者的重要信息，如姓名、出生日期、家庭地址、社会安全号 SSN、驾驶执照 ID、信用卡信息等。2017 年 5 月，Equifax 被黑客攻击，泄露了海量用户隐私数据。

第四，全网文档管理混乱。

HTTP 通过"IP 地址 + 目录"的方式来寻找文件。当用户输入一个网址时，HTTP 协议会通过域名服务器 DNS 来获取域名对照的 IP 地址，并将此"IP 地址 + 目录"下指定的文件呈现在用户的客户端。我们时常会遇到以下三个问题。

- 文件不可达。通过"IP 地址 + 目录"方式寻找文件时，无论任何原因导致我们没有办法访问文件，都只出现 404 Not Found 提示告警。原因可能是地址错误、网络中断、文件被删除、服务器未开机等，具体不得而知。

• 文件无管理。HTTP 对网络上的文件没有管理功能，不同版本的文件散落在整个网络之中，没有记录、没有分类。

HTTP	问题	描述
网络安全	网络攻击多	中心化的服务器容易遭受各种攻击
网络效率	网络薄弱环节多	属于网络、DNS、服务器硬件软件都会影响网络安全
	数据分发效率低	所有文件都需要在服务器上存储和搜索，效率低
数据隐私	数据安全	控制了服务器就影响了所有的数据安全
	隐私安全	服务器掌控了所有个人隐私数据
文件管理	文件不可达	文件会因为各种原因导致不可达
	文件无管理	全网文件无版本管理，全网文件混乱
	浪费存储空间	各种相同文件充斥网络，导致网络存储空间浪费

HTTP 的问题

• 浪费存储空间。相同的文件在网络上重复保存的现象很常见，例如，一部热门电影的视频文件可能会保存在几十家不同视频运营商的服务器上，还可能保存在众多云盘运营商的服务器和成千上万普通用户的电脑上，这极大地浪费了网络的存储空间。

既然 HTTP 存在这么多的问题，那么与此相对的 IPFS 会有什么优势呢？

IPFS 的原理

树哥：IPFS 本质上是一种内容可寻址、版本化、点对点超媒体的分布式存储、传输协议。这个协议通过以下几个原理来实现它的这些功能。

第一，文件存储方式。

与 HTTP 文件都存储于中心化服务器不同，IPFS 系统因为没有中心化服务器，所以它选择把文件存储于全网的普通电脑节点之中。如何存储才能更加安全呢？IPFS 采用了把文件"切片"的方式，也就是把一个文件切分成若干分片，然后把这些分片存储于不同的网络节点之中。

因为这些文件分片存储于很多网络节点中，再下载文件的时候，每个存储文件分片的节点都相当于一台文件服务器，如果有 100 个分片，就相当于有 100 台文件服务器同时下载，自然会比 HTTP 的一台文件服务器下载效率高很多。

另外，由于这些分片分属于不同的节点，只要确定冗余比例，如三份备份，任何单个节点的问题都不会导致文件丢失。所以，IPFS 的文件安全性也会比 HTTP 高得多。IPFS 让黑客攻无可攻，因为所有的节点都可以变成服务器，都可以存储一部分文件分片，攻击单独的节点没有任何意义。

第二，文件管理。

IPFS 不是通过"IP 地址 + 目录"的方式管理文件，而是通过文件的"数字指纹"来管理文件。也就是对每个文件进行哈希运算，得到文件的哈希值（数字指纹），作为文件的唯一名字。这个名字在整个 IPFS 网络唯一，只要报这个名字就可以找到这个文件。由于数字指纹是对文件内容进行哈希运算得来，所以这种寻找文件的方式就被称为"内容寻址"。

采用全网唯一的数字指纹管理文件有什么好处呢？

- 寻找文件非常方便。在任何节点寻找某个文件时，只需要广播"寻找某某哈希值的文件"，接收到这个需求的节点就会立刻把所有存储分片的节点列出来，从这些节点拉取文件片段。

- 保护隐私。由于文件采用分片的方式存储于各个不同的节点中，每个节点只有一个分片，所以无法得知文件内容。只有文件主人通过私钥把所有文件分片组合并解密，才能得知文件内容，这样可以实现隐私数据的保护。

- 防止篡改数据。存储于每个节点的文件分片的文件名都是本分片的哈希值，用这些分片组合成整个文件时可以通过默克尔树的方式验证哈希值是否正确，如果不正确，则证明本分片数据被篡改或破坏，需要重新从冗余节点拉取分片数据。通过这种方式，可以防止数据被篡改。

IPFS	优点	原因
分片储存	效率高	多个分片相当于多个分片同时存储和搜索
	安全	任何节点失效只会影响本节点保存的分片，通过冗余分片也可以保障数据安全
数字指纹	便于寻找	由于文件名全网统一，管理和搜索都极为便利
	保护隐私	单个节点只保存分片内容，无法获知文件内容
	数据防篡改	每个分片都有数字指纹，任何篡改都会被发现
	文件版本管理	通过文件的数字指纹可以对文件的不同版本进行管理
	节省空间	全网文件管理，会极大节省整体网络存储空间

IPFS 的优点

- 文件版本管理。由于数字指纹是对文件内容进行哈希运算得来的，因而文件内容即使只改变一个标点符号也会导致哈希值发生变化。所以，文件名相同但数字指纹不同的两个文件，可以认为是同一文件的不同修改版本，这样就可以实现全网文件的版本管理。

- 极大地节省存储空间。在 IPFS 中，全网文件除了必要冗余之外，不需要额外保存文件，从而可以极大地节省存储空间。

IPFS 的实际原理更为复杂，例如，由我们之前提到过的 DHT，也就是动态哈希表来管理所有节点和文件分片。单从节点来说，IPFS 中的节点可分为存储节点、检索节点等。简单来说，这两个节点都是运行 IPFS 软件的网络节点。存储节点专门保存文件片段，检索节点专门查找文件片段。

任潇潇：我理解存储节点和检索节点的含义。那大家为什么愿意做这个存储节点和检索节点呢？

树哥：如果把这个分布式网络也划分成四个层次的话，最底层就是

P2P 网络层，第二层就是 IPFS 协议层，第三层就是 Filecoin 激励层，最上面一层就是应用层。你提的这个问题是属于激励层的问题，IPFS 官方专门开发了一个激励层的区块链项目——Filecoin。

四层模型

Filecoin 区块链

Filecoin 是一个区块链项目，是由 IPFS 协议创建者 Protocol Labs（协议实验室）开发的。

IPFS 团队于 2014 年 5 月创立，这个团队的成员来自斯坦福大学、麻省理工学院、哈佛大学等世界名校，也有来自谷歌、IBM、甲骨文等国际一流企业的人才，团队的研发创新能力很强。

Juan Benet（胡安·贝内特）是这个团队的领导者，他毕业于斯坦福大学，并获得了硕士学历。他在创建 IPFS 和 Filecoin 项目期间，获得了母校斯坦福大学的大力支持。

由于 IPFS 的概念和技术获得了极大的认可，所以当他们发起 Filecoin 区块链项目的时候，也受到了众多投资人的热捧，其中既包括著名的孵化器公司 Y Combinator——曾经孵化了上千家企业，也包括世界知名的投资公司红杉资本——曾经投资过苹果、思科、阿里巴巴、蚂蚁金服、京东、美团、滴滴等著名公司。

任潇潇：有这么多著名的公司投资，说明大家都比较看好 Filecoin 区块链项目。那 Filecoin 区块链项目具体解决什么问题呢？

树哥：Filecoin 本质上是一个去中心化的存储交易市场。

下图的中间部分是 Filecoin 的两个去中心化市场：存储市场和检索市场。任何人都可以在这两个市场存储数据或者检索数据。

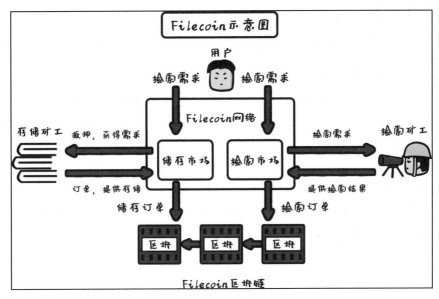

Filecoin 示意图

最上面的是用户，用户可以在任何时间在存储市场购买存储空间来保存数据，或者在检索市场检索自己需要的数据。在这两个市场上，用户都需要支付 Filecoin 的通证来获取存储空间或者检索内容。

左面是一个存储矿工，他提供自己的存储空间供用户存储数据，以获取相关的收益。怎么保障用户的数据安全呢？存储矿工需要先拿一部分通证抵押在存储市场中，并受到去中心化市场的考核。如果掉线或者丢失用户数据，就需要扣除他的抵押通证作为惩罚；如果保质保量完成了存储任务，就可以获得用户交的通证费用。

右边是一个检索矿工，和存储矿工的作用类似，他为用户提供检索服务，以获得相关的收益。检索矿工也需要抵押通证到检索市场中，也会受到中心化市场的考核。需要说明的是，存储矿工和检索矿工只是角色上的划分，可以是同一个矿工。

最下面就是 Filecoin 区块链了，这个区块链主要存储着存储订单和检索订单。也就是说，当用户和存储矿工或检索矿工达成协议进行存储或检索时，存储订单或检索订单就生成了，保存在 Filecoin 区块链之中，从而实现不可篡改的目标。

任潇潇：我明白你的意思。这个 Filecoin 就像一个出租仓库的平台，存储矿工相当于这些仓库的房东，而用户就是租用仓库的商户。房东收取租房费用，而为了保障商户的商品安全，仓库的房东需要缴纳押金。而 Filecoin 区块链就相当于一个保险柜，保存着房东和商户签订的合约。那检索矿工就相当于负责运输的快递员，负责从仓库取货送给商户。他们之间通过 Filecoin 的通证 FIL 来衡量价值。

26 新基建与区块链的故事

任潇潇：最近"新基建"这个词热度好高啊，经常在新闻中看到。

树哥：2018 年召开的中央经济工作会议明确了新型基础设施建设包含 5G、人工智能、工业互联网、物联网等方面，并简称"新基建"，之后这个词就常常被提及。

其实新基建有着非常丰富的内涵，主要包含以下三个方面的内容：信息基础设施建设、融合基础设施建设、创新基础设施建设。

信息基础设施

互联网发展的历程，也是人类社会从物理世界向数字世界探索发展的过程。新浪、今日头条等的出现代表着新闻媒体从物理世界向数字世界迁徙；淘宝、京东的出现代表着商业从物理世界向数字世界迁徙；QQ、微信的出现代表着社交从物理世界向数字世界迁徙；区块链通证的出现代表着资产从物理世界向数字世界迁徙。

未来就是一个数字的世界，而信息基础设施则成为未来数字世界的基础。所以，需要建设新型的信息基础设施，来支撑未来数字世界的发展。

新型信息基础设施分为以下三类：新一代信息技术基础设施、新技术基础设施、算力基础设施。

其中，新一代信息技术基础设施包括：5G，即第 5 代移动通信技术；物联网，即物品与物品之间的联网，被称为"万物互联"；工业互联网，即通过互联网把设备、工厂、供应链和用户连接起来；卫星互联网，即通过卫星通信组成的互联网。

新技术基础设施包括：人工智能，即研究与人类智能相似的反应机制的智能机器；云计算，即通过网络集合算力来处理用户数据计算和任务；区块链，即通过非对称加密、P2P 网络和分布式数据库等技术形成的系统。

融合基础设施建设

经过几十年的高速发展，我们已经建成了遍布全球的信息基础设施，也拥有了海量的数据。但这还远远不能成为未来数字世界的基石，还存在各种问题，尤其是"信息孤岛"现象还广泛存在。

应用数据孤岛：不同的应用软件产生的数据放在不同的存储空间，应用之间的数据特征不同，互通困难。

管理数据孤岛：为了保护已有信息而形成的各种备份、容灾、归档、开发、分析系统中数据冗余，这些不同用途、不同目的的数据之间的同步和管理容易形成孤岛。

存储数据孤岛：由于生产环境、非生产环境、云环境和边缘环境的不同，很多数据可能存储于不同的位置、不同的运营商，导致出现信息孤岛问题。

当前网络上有诸多信息孤岛，这样的信息孤岛会阻碍信息流动，从而没有办法实现业务迁移和融合，从根本上妨碍形成真正的"数字世界"。

只有建立融合基础设施，从底层解决"信息孤岛"问题，才能实现各种业务的融合，实现"数字世界"中的基本场景。

融合基础设施是指深度应用互联网、大数据、人工智能技术的基础设施。

- 智能交通基础设施。通过融合 5G、大数据、人工智能、区块链等技术建设多维监测、精准管控的交通管理系统，可以实现信号联网联控、智能视频监控、交通诱导、运营车辆联网联控、智能驾驶、无人机巡逻等多种功能。

- 智能能源基础设施。当前我国新能源产业发展迅猛，但在新能源的基础设施建设方面还有所欠缺。例如，我们虽然已经建成全球最大规模的电动汽车充电设施网络，但截至 2018 年底，充电桩仅有 120 万个，相比新能源汽车 380 多万辆的保有量明显不足，更何况有些充电桩存在故障，无法使用。

根据国家的相关规定，到 2020 年我国要新建超过 1.2 万座集中式充电桩、480 万个分散式充电桩，至少满足 500 万辆电动汽车的充电需求，预计 2020 年的充电桩投资将超过 100 亿元。

创新基础设施建设

在互联网投资热潮中，C2C 模式非常火爆，但此处 C2C 的含义并不是 Customer to Customer，而是 Copy to China。具体是指，一些在欧美国家比较成功的商业模式可以直接复制到中国进行运作。例如，搜狐、百度、淘宝、美团、滴滴等都在一定程度上借鉴了国外成功的商业模式。

在移动互联网时代，这样的情况已经出现改观，也出现了一些 Copy from China 的案例。但不可否认，中国企业通过"模式创新 + 海量用户"的方式获得成功的案例更多，而通过基础技术创新获得成功的案例相对少一些。原因是多方面的，而国家这次把创新基础设施放在新基建的范畴之中，就说明要着手解决这些问题。

创新基础设施主要是指支撑科学研究、技术开发、产品研制的具有公益属性的基础设施。

- 重大科技基础设施

重大科技基础设施是为探索未知世界、发现自然规律、实现技术变革提供极限研究手段的大型复杂科学研究系统。

2020 年 4 月 20 日，国家发展改革委相关司局负责同志在新闻发布会上介绍，我国已布局建设 55 个国家重大科技基础设施，基本覆盖重点学科领域和事关科技长远发展的关键领域。例如，空间环境地基监测网（子午工程二期）、大型光学红外望远镜、极深地下极低辐射本底前沿物理实验设施、大型地震工程模拟研究设施、聚变堆主机关键系统综合研究设施、高能同步辐射光源、硬 X 射线自由电子激光装置、多模态跨尺度生物医学成像设施、超重力离心模拟与实验装置、高精度地基授时系统。

• 科教基础设施。科教基础设施是保障学生参与科学教育的基础性设施。科教基础设施一般包括科学实验室、科学探究室、理化生实验室、科技创新实验室、植物园、天文台、地质园、生物标本展廊等。

• 产业技术创新基础设施。产业创新是指以市场为导向，以企业技术创新为基础，在企业和企业之间、产业和产业之间，以新产

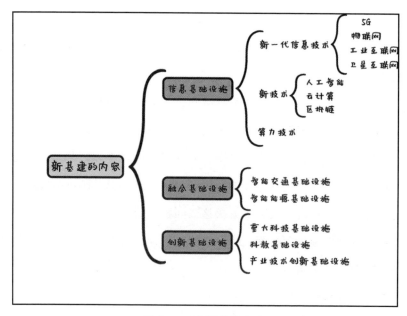

图 27-1 新基建的内容

品、新工艺、新技术促进商业融合发展。其中，华为、阿里巴巴等公司为佼佼者。

总而言之，新基建是相对于传统基建而言的新兴基础设施建设，主要包括信息基础设施建设、融合基础设施建设、创新基础设施建设三个方面。其中，信息基础设施包括5G、工业互联网、物联网、区块链、大数据和人工智能等；融合基础设施包括智能交通基础设施、智能能源基础设施等；而创新基础设施则包括重大科技基础设施、科教基础设施、产业技术创新基础设施等。

新基建的概念还在不断完善和更新，但当前的版本基本已经涵盖得比较全面了。

任潇潇：新基建中有区块链的版块，你是怎么看待这个现象的呢？

树哥：这个问题非常精准，也非常关键。因为区块链是未来数据世界的基础。

数据的价值

任潇潇：数据世界和区块链有什么关系呢？

树哥：有个投资人对一些创业者做了一个小调查，让他们选择接受IT的用户数据还是100万元的投资。你猜猜大家怎么选？

任潇潇：当然是选IT的用户数据啊，你都讲了半天数据的价值了。

树哥：事实上，那些创业者大都选择了100万元。原因在于人民币是唯一的，给了你就不能再给他人；而数据则不同，可以同时给很多人。数据本质上属于用户，也不是第三方平台想给谁就可以给谁的。虽然各大平台使用用户数据牟利的不少，但都是打擦边球，会有一些法律风险。这样的数据价值一定是受限的，而区块链则可以让数据真正具有价值。

区块链让数据有了价值

树哥：这些年物理世界一直在向数字世界迁徙，但有一个问题一直没有解决，那就是物理世界中的资产如何迁移到虚拟世界中。

传统互联网最大的优势就是边际成本低，任何一份数据都能以极低的成本复制成千上万份。而物理世界中的资产在互联网上不能实现唯一性，也就根本不能实现物品在互联网上的唯一确权。

任潇潇：什么是唯一确权？

树哥：唯一确权就代表在互联网上这个数据是唯一的，不可复制、不可篡改，从而就可以实现物理世界的资产和数字世界的数据一一对应。这样，在数字世界中这些数据的流通就相当于物理世界中这些资产的流通。

任潇潇：数据唯一、不可复制、不可篡改不就是区块链的特性嘛。区块链的公开透明、不可篡改、可以溯源正好可以实现物理资产的唯一确权。这么说，其实无论是物理资产还是虚拟资产都可以通过区块链在互联网上转移。这样一来，数据就是物理世界的资产，那数据当然就有价值了。

树哥：是的，当物理世界中的物理资产和虚拟资产都映射到数字世界中，这些已经区块链化的数据就具备无可比拟的价值了。

当然，区块链除了实现物理世界中的资产映射外，还有其他功用，因而区块链的数据当然是最有价值的了，例如如下的场景。

• 通过区块链可以映射项目的股权，其实"通证"的大多数应用都源于此。

• 通过区块链可以实现个人隐私数据保护，让个人数据真正只属于个人。

• 通过区块链可以实现产品的溯源，让产品流通数据有价值。

- 通过区块链可以追踪各种捐款的流向，实现公益慈善的公开透明。

任潇潇：原来是区块链的一些特性让数据真正有了价值，让数据真正属于个人。怪不得国家会把区块链列入新基建之中。

区块链是未来数字世界的基石

树哥：区块链能作为新基建的重要一环，除了它让数据有了价值之外，还有其他的重要原因。人工智能、自动驾驶、智慧交通等都是未来发展的方向。我提几个问题，区块链的重要性就显而易见了。

人工智能需要让机器通过大量的数据进行学习，我们称此为"数据喂养"。如果给人工智能喂养的数据被黑客篡改了，会带来什么后果？

自动驾驶和智慧交通都需要通过分析海量数据来指导车辆或交通，如果用来决策的数据被黑客篡改了，会带来什么可怕的后果？

这只是举了两个例子而已。事实上，在未来的数字世界，数据是整个世界的根基，这个根基如果有问题，那么整个数字世界都可能会崩塌。

如何才能保障数字世界中数据的安全呢？

区块链是目前发现的最好手段！因为它可以保证数据不可篡改。

参考文献

［1］CRAIG S W.Bitcoin：A Peer-to-Peer Electronic Cash System［J］. SSRN Electronic Journal，2008（1）.

［2］BRUCE S. Applied Cryptography：Protocols，Algorithms，and Source Code in C［M］. New Jersey：Wiley，1996.

［3］ASSANGE J，APPELBAUM J，MÜLLERMAGUHN A，et al. Cypherpunks：Freedom and the Future of the Internet［M］.New York：OR Books，2012.

［4］CHRISTOF P，JAN P.Understanding Cryptography：A Textbook for Students and Practitioners［M］. New York：Springer，2010.

［5］NORMAN A T. Blockchain Technology Explained［M］. Charleston：CreateSpace Independent Publishing Platform，2017.

［6］VIGNA P，CASEY M J. The Age of Cryptocurrency［M］. New York：St. Martin's Press，2015.

［7］WATTENHOFER R.The Science of the Blockchain［M］. Charleston：CreateSpace Independent Publishing Platform，2016.

［8］KATZ N，LINDELL Y .Introduction to Modern Cryptography：Principles and Protocols［M］. Boca Rato：Chapman and Hall/CRC，2007.

［9］NORTON J.Blockchain Easiest Ultimate Guide to Understand Blockchain［M］. Charleston：CreateSpace Independent Publishing Platform，2016.

［10］谢跃书，郑敦庄 . 区块链：以太坊 App 钱包开发实战［M］. 北京：北京航空航天大学出版社，2018.

［11］孙健.区块链百科全书：人人都能看懂的比特币等数字货币入门手册［M］.北京：电子工业出版社，2018.

［12］安东诺普洛斯.区块链：通往资产数字化之路［M］.林华，蔡长春，王志涵，等译.北京：中信出版社，2018.

［13］波普尔.数字黄金：比特币鲜为人知的故事［M］.艾博，译.北京：中国人民大学出版社，2017.

［14］凯利.数字货币时代：区块链技术的应用与未来［M］.廖翔，译.北京：中国人民大学出版社，2017.

［15］邹均.区块链核心技术与应用［M］.北京：机械工业出版社，2018.

［16］任中文.区块链——领导干部读本［M］.北京：人民日报出版社，2018.

［17］申屠青春.区块链开发指南［M］.北京：机械工业出版社，2017.

［18］谭磊，陈刚.区块链2.0［M］.北京：电子工业出版社，2016.

［19］安东波罗斯.精通区块链编程：加密货币原理、方法和应用开发［M］.2版.郭理靖，李国鹏，李卓，译.北京：机械工业出版社，2019.

［20］叶蓁蓁，罗华.区块链应用蓝皮书：中国区块链应用发展研究报告（2019）［M］.北京：中国社会科学文献出版社，2019.

［21］王峰.尖峰对话区块链［M］.北京：中信出版社，2019.

［22］斯皮尔曼.经典密码学与现代密码学［M］.叶阮健，曹英，张长富，等译.北京：清华大学出版社，2005.

后记

　　本书是我的第一本作品。于 2018 年初开始写作，完稿于 2019 年底，出版于 2020 年底，历时整整三年，期间进行了五次大的调整和修改。回顾整个写作的过程，有很多感触。

　　和大多数人一样，我最早是从"币圈"的朋友那里听到"区块链"这个名词，因为对这种频繁买卖的方式既不懂又不感兴趣，所以也就没有在意。直到有一天，我看到了比特币白皮书，整个人一下子就像被闪电击中了，脑海里展现出一个更广阔的世界。

　　后来我惊奇地发现，很多朋友第一次看到比特币白皮书都有与我一样的感觉。大家都为比特币的底层技术所震撼，为它简洁的设计原则所倾倒，为它展现出的未来而痴迷。

　　研究完比特币白皮书后第一感受就是深深的后悔和后怕，后悔的是为什么在第一次听到区块链的时候没有重视，没有尽早开始研究；后怕地是如果没有开始研究区块链，那我还会一直错失机会。

　　经过反思后我得出一个结论：仅通过只言片语来判断未知的事物，这是懒惰和傲慢的行为，只会让自己错失未来的一切机会。然后我决定全身心投入区块链的学习和研究之中。对区块链了解得越深，我越深刻地意识到区块链的未来价值：区块链生来就具备全球化的基因，它是我们下一代互联网的基础；区块链真正实现了数据可信，它可以把一切虚拟和实体资产进行数字化；区块链的技术是构建未来世界的基石，将会带来一场伟大的数字化革命；等等。

　　在学习区块链的过程中，我逐渐发现整个区块链行业还处于早期阶段。所以相关的资料还不齐备，各种未经验证的资料既不多而且杂乱无章。秉着"输出倒逼输入"的想法，我开始有意识地边学习边输出。开通了"树哥解读"的相关媒体平台，做了"区块链从小白到精通"的课程，在新生大学平台上开通了"树哥解读以太坊"等课程。这些有意识的输出让我逐渐接触到了更多的读者。

我发现大多数初次接触区块链的人，既不懂纷繁复杂的术语，又不知道区块链发展的来龙去脉。有些人即使经过几年的学习，也只知道一些名词，还是没有办法能搭建起区块链的整体架构。所以我决定写一本书来阐述区块链的来龙去脉，并介绍其中起关键决定作用的一些区块链技术知识，于是才有了您看到的这本书。

写完这本书的之后最大的感悟是：让我成为树哥的不是这本书，而是写这本书的过程。作为一个连文章都很少写的人，写这本书对我而言是个巨大的挑战。何况区块链行业太新，很多时候连可靠的资料都查阅不到。更具挑战性的是，区块链技术涉及密码学、计算机网络、经济学、社会学、博弈论等多种学科的知识，而且由于区块链技术还处于早期的高速发展阶段，每天都有很多新词汇出现，这是我面临的巨大的困难。不过我内心很坚定，因为这件事之难也正是它的价值所在。

正因为如此，我一遍遍查阅国内外书籍和资料来核实相关的内容，也请教了一些技术专家，但由于自己的水平和能力有限，书中难免有疏漏之处，恳请读者朋友赐教，我将不胜感激。

在写作本书的过程中，我对"输出倒逼输入"有了更深的感悟，我也在积极筹划撰写第二本区块链图书，有可能会是一本小说体的科普图书，这样能更加方便和全面地展现区块链世界的各种人和事，敬请期待。

最后，我要特别感谢亲自为本书写序的中国企业联合会、中国企业家协会常务副会长兼理事长朱宏任先生，为本书写推荐语的北京邮电大学副校长温向明教授、北京邮电大学宁连举教授、中国联通日本公司原总经理高津昌广先生，你们的宝贵意见让本书更加完善。还要重点感谢为本书绘制插画的黄晨雪女士，为本书的写作提出很多宝贵意见的彭晖先生。感谢本书的策划编辑张艳蕊老师、赵喜勤老师，是你们严谨专业的指导让本书得以顺利出版。感谢我的人生导师张毅、潘生、牛建湘，感谢我的朋友常卫国、刘文剑、王明昭、彭勇等，你们的鼓励与帮助让我感悟至深，越走越远。感谢我的家人们，感谢你们一路的支持和陪伴，永远爱你们。